U0159491

北京未来城市设计高精尖创新中心项目（编号：UDC2016020100）

国家自然科学基金项目（批准号：52178028；51478439）

中国城市规划设计研究院科技创新基金重点项目（编号：C-201701）

城市规划历史与理论丛书

城·事·人

CITIES, PLANNING ACTIVITIES AND WITNESSES

城市规划前辈访谈录

INTERVIEWS WITH SENIOR EXPERTS OF URBAN PLANNING

（第六辑）

李 浩 等 访问／整理

中国建筑工业出版社

图书在版编目（CIP）数据

城·事·人：城市规划前辈访谈录 = CITIES,
PLANNING ACTIVITIES AND WITNESSES INTERVIEWS WITH
SENIOR EXPERTS OF URBAN PLANNING. 第六辑 / 李浩等
访问、整理 . —北京：中国建筑工业出版社，2021.6
　（城市规划历史与理论丛书）
　ISBN 978-7-112-26098-0

　Ⅰ.①城… Ⅱ.①李… Ⅲ.①城市规划—城市史—中
国 Ⅳ.① TU984.2

中国版本图书馆CIP数据核字（2021）第074964号

　　本访谈录是城市规划史研究者访问城市规划老专家的谈话实录，谈话内容围绕中国当代城市规划重点工作而展开，包含城、事、人等三大类，对 70 多年我国城市规划发展的各项议题也有较广泛的讨论。通过亲历者的口述，生动再现了中国当代城市规划工作起源与发展的曲折历程，极具鲜活性、珍贵性、稀缺性及学术价值，是极为难得的专业性口述史作品。

　　本访谈录按照老专家的年龄排序，分辑出版。本书为第六辑，共收录宋启林、魏士衡、孙骅声和蒋大卫 4 位前辈的 8 次谈话。

责任编辑：李　鸽　柳　冉
责任校对：王　烨

城市规划历史与理论丛书
城·事·人
城市规划前辈访谈录（第六辑）
CITIES, PLANNING ACTIVITIES AND WITNESSES
INTERVIEWS WITH SENIOR EXPERTS OF URBAN PLANNING
李　浩　等　访问／整理
　　　　　　　＊
中国建筑工业出版社出版、发行（北京海淀三里河路9号）
各地新华书店、建筑书店经销
北京方舟正佳图文设计有限公司制版
天津图文方嘉印刷有限公司印刷
　　　　　　　＊
开本：880毫米×1230毫米　1/16　印张：13¼　字数：282千字
2021年8月第一版　2021年8月第一次印刷
定价：88.00元
ISBN 978-7-112-26098-0
　　（37696）

序

　　清代学者龚自珍曾云："欲知大道，必先为史"，"灭人之国，必先去其史"①。以史为鉴，"察盛衰之理，审权势之宜"②，"嘉善矜恶，取是舍非"③，从来都是一种人文精神，也是经世济用的正途要术。新中国的缔造者毛泽东同志，在青年求学时期就曾说过："读史，是智慧的事"④。习近平总书记也告诫我们："历史是人类最好的老师"，"观察历史的中国是观察当代的中国的一个重要角度"⑤。由于城市工作的复杂性、城市发展的长期性、城市建设的系统性，历史研究对城市规划工作及学科发展显得尤为重要。

　　然而，当我们聚焦于城市规划学科，感受到的却是深深的忧虑。因为一直以来，城市规划的历史与理论研究相当薄弱，远远不能适应当今学科发展的内在要求；与当前规划工作联系最为紧密的新中国城市规划史，更是如此。中国虽然拥有历史悠久、类型多样、极为丰富的规划实践，但却长期以西方规划理论为主导话语体系。在此情况下，李浩同志伏案数年、严谨考证而撰著的《八大重点城市规划——新中国成立初期的城市规划历史研究》于2016年出版后，立刻在城市规划界引发极大反响。2017年，该书的相关成果"城·事·人"系列访谈录先后出版了5辑，再次引起轰动。现在，随着李浩同志规划史研究工作的推进，访谈录的最新几辑又要出版了，作为一名对中国历史和传统文化有着浓厚兴趣的城市规划师，我有幸先睹为快，感慨良多，并乐意为之推荐。

　　历史，有着不同的表现形式，口述为其重要表现形式之一。被奉为中国文化经典的《论语》，就并非孔子所撰写，而是他应答弟子，弟子接闻、转述等的口述作品。与孔子处于同一时代的一些西方哲学家，如希腊的苏格拉底等，情形也大致相似。目前可知

---

① 出自龚自珍著《定庵续集》。
② 出自贾谊著《过秦论》。
③ 出自司马光著《资治通鉴》。
④ 1920年12月1日，毛泽东致好友蔡和森等人的书信。
⑤ 2015年8月23日，习近平致第二十二届国际历史科学大会的贺信。

的人类远古文明，大多都是口口相传的一些故事。也可以说，口述是历史学的最初形态。近些年来，国内外正在迅速兴起口述历史的热潮，但城市规划方面的口述作品，尚较罕见。"城·事·人"系列访谈录，堪称该领域具有探索性、开创性的重大成果。

读罢全书，我的突出感受有三个方面。

第一，这是一段鲜为人知，不可不读的历史。一大批新中国第一代城市规划工作者和规划前辈，以娓娓道来的访谈方式，向我们讲述了参与新中国建设并投身城市规划工作的时代背景、工作经历、重要事件、历史人物及其突出贡献等，集中展现了一大批规划前辈的专业回顾与心路历程，揭开了关于新中国城市规划工作起源、初创和发展的许多历史谜团，澄清了大量重要史实。这些林林总总的细节与内情，即便对于我们这些已有30多年工作经历的规划师而言，很多也都是闻所未闻的。"城·事·人"系列访谈录极具鲜活性与稀缺性。

第二，这还是一段极富价值，引人深思的历史。与一般口述历史作品截然不同，本书的访谈是由规划史研究者发起的，访谈主题紧扣新中国城市规划发展史，访谈内容极具深度与学术价值。关于计划经济时期和借鉴苏联经验条件下的城市规划工作，历来都是学术界认知模糊并多有误解之疑难所在，各位前辈对此问题进行了相当全面的回顾、解读与反思，将有助于更加完整、客观、立体地建构新中国城市规划发展史的认识框架，这是"城·事·人"系列访谈录的一大亮点。不仅如此，各位老前辈在谈话中还提出了不少重要的科学命题，或别具一格的视角与认知，这对于深化关于城市规划工作内在本质的认识具有独特科学价值，对于当前我们正在推进的各项规划改革也有着重要的启迪意义。

第三，这更是一段感人肺腑，乃至催人泪下的历史。老一辈城市规划工作者，有的并非城市规划专业的教育背景，面对国家建设的紧迫需要，响应国家号召，毫无怨言地投身城市规划事业，乃至提前毕业参加工作，在"一穷二白"的时代条件下，在苏联专家的指导下，"从零起步"，开始城市规划工作的艰难探索。正是他们的辛勤努力和艰苦奋斗，开创了新中国城市规划事业的基业。然而，在各位前辈实际工作的过程中，他们一腔热血、激情燃烧的奉献与付出，与之回应的却是接连不断的"冷遇"：从1955年的"反浪费"[①]，到1957年的"反四过"[②]，从1960年的"三年不搞城市规划"，到1964年城市规划研究院[③]被撤销，再到1966年"文化大革命"开始后城市规划工作全面停滞……一个又一个的沉重打击，足以令人心灰意冷。更有不少前辈自1960年代便经

---

① 即1955年的"增产节约运动"，重点针对建筑领域，城市规划工作也多有涉及。
② 反对规模过大、占地过多、标准过高、求新过急等"四过"。
③ 中国城市规划设计研究院的前身，1954年10月成立时为"城市设计院"（当时属建筑工程部城市建设总局领导），1963年1月改称"城市规划研究院"。

历频繁的下放劳动或工作调动，有的甚至转行而离开了城市规划行业。当改革开放后城市规划步入繁荣发展的新时期，他们却已逐渐退出了历史的舞台，而未曾分享有偿收费改革等的"红利"。时至今日，他们成为一个"被遗忘"的特殊群体，并因年事已高等原因而饱受疾病的煎熬，甚至部分前辈已经辞世……这些，更加凸显了"城·事·人"系列访谈录的珍贵性、抢救性和唯一性。

可以讲，"城·事·人"系列访谈录是我们走近、感知老一辈城市规划工作者奋斗历程的"活史料"，是我们学习、研究新中国城市规划发展历史的"活化石"，是对当代城市规划工作者进行人生观、世界观和价值观教育的"活教材"！任何有志于城市规划事业或关心城市工作的人士，都值得加以认真品读。

在这里，要衷心感谢各位前辈对此项工作的倾力支持，使我们能够聆听到中国城市规划史的许多精彩内容！并感谢李浩同志的辛勤访问和认真整理！期待有更多的机构和人士，共同关心或支持城市规划的历史理论研究，积极参与城市规划口述历史工作，推动城市规划学科的不断发展与进步。

杨保军

二〇二〇年十二月三十日

杨保军，博士，全国工程勘察设计大师，住房和城乡建设部总经济师

前言

中国现代城市规划史研究的一个重要特点，即不少规划项目、活动或事件的历史当事人仍然健在，这使得规划史研究工作颇为敏感，涉及有关历史人物的叙述和讨论，必须慎之又慎。另一方面，这也恰恰为史学研究提供了诸多有利条件，特别是通过历史见证人的陈述，能够弥补纯文献研究之不足，以便解开诸多的历史谜团。与古代史或近代史相比，此乃现代史研究工作的特色鲜明之处。

以此认识为基础，前些年在对新中国成立初期八大重点城市规划历史研究的过程中，笔者曾投入了大量时间与精力，拜访了一大批数十年前从事城市规划工作的老专家。这项工作的开展，实际上也发挥了多方面的积极作用：通过老专家的访谈与口述，对有关规划档案与历史文献进行了校核、检验，乃至辨伪；老专家所提供的一些历史照片、工作日记和文件资料等，对规划档案起到了补充和丰富的作用；老专家谈话中不乏一些生动有趣的话题，使历史研究不再是枯燥乏味之事；对于城市规划工作过程中所经历的一些波折，一些重要人物的特殊贡献等，只有通过老专家访谈才能深入了解；等等。更为重要的是，通过历史当事人的参与解读和讨论，通过一系列学术或非学术信息的供给，生动再现出关于城市规划发展的"历史境域"，可以显著增强历史研究者的历史观念或历史意识，有助于对有关历史问题的更深度理解，其实际贡献是不可估量的。

因而，笔者在实际研究过程中深刻认识到，对于中国现代城市规划史研究而言，老专家访谈是一项必不可缺的关键工作，它能提供出普通文献档案所不能替代的、第一手的鲜活史料，为历史研究贡献出"二重证据"乃至"多重证据"。所谓老专家访谈，当然不是要取代档案研究，而是要与档案研究互动，相互印证，互为支撑，从而推动历史研究走向准确、完整、鲜活与生动。

2017年，笔者首次整理出版了"城·事·人"访谈录共5辑，受到规划界同仁的较多关注和好评。近几年来，笔者以"苏联专家对中国城市规划的技术援助"为主题继续推进城市规划史研究，在此过程中一并继续推进老专家访谈工作，目前又已完成一批访谈成果，经老专家审阅和授权，特予分批出版（图1）。

图 1 老专家对谈话文字稿的审阅和授权（部分）

在本阶段的工作中，对老专家谈话的整理仍然遵循三项基本原则，即如实反映、适当编辑和斟酌精简，前 5 辑"城·事·人"访谈录中已有详细说明，这里不予赘述。关于访谈对象，主要基于中国现代城市规划历史研究的学术研究目的而选择和邀请，本阶段拜访的老专家主要是对苏联专家援助中国城市规划工作情况较为了解的一些规划前辈；由于前 5 辑"城·事·人"的访谈对象以在规划设计单位工作的老专家居多，近年来适当增加了一些代表性高校或研究机构的规划学者；由于笔者关于苏联规划专家技术援助活动的研究是以北京为重点案例，因而对北京规划系统的一些老专家进行了特别的重点访谈。

为便于读者阅读，最新完成的几辑访谈录依不同主题做了相对集中的编排，每辑则仍按各位老专家的年龄排序。本书为第六辑，共收录宋启林、魏士衡、孙骅声和蒋大卫 4 位前辈的 8 次谈话。在本辑访谈录的整理过程中，宋启林先生的其中一次（2016 年 11 月 18 日）谈话邀请吕晓蓓教授级高级城市规划师（原在中国城市规划设计研究院深圳分院工作，现为该院西部分院总规划师）合作完成；孙骅声先生的（2016 年 11 月 15 日）谈话邀请张靖馆员（在中规院图书馆工作）合作完成，特致衷心感谢。

本书部分内容是笔者在中国城市规划设计研究院工作期间完成的，杨保军、王凯、李迅、官大雨、易翔、朱荣远和范钟铭等专家对本项工作进行了指导，深圳分院李晶梅主任、相关部门的领导和许多同事为研究提供了大力支持，宋启林先生的女儿宋岳女士给予了热情的帮助，在此致以衷心感谢。同时感谢杨保军老总为本书撰写了新的序言，感谢北京建筑大学对本书出版的经费资助，感谢中国建筑工业出版社李鸽和柳冉编辑的精心策划与编辑。

在此，要特别声明：本访谈录以反映老专家本人的学术观点为基本宗旨，书中凡涉及有关事件、人物或机构的讨论和评价等内容，均不代表老专家或访问整理者所在单位的立场或观点。

口述历史的兴起，是当代史学发展的重要趋向，越来越多的人开始关注口述历史，电视、网络或报刊上纷纷掀起形式多样的口述史热潮，图书出版界也出现了"口述史一枝独秀"的新格局①。不过，从既有成果来看，较多属于近现代史学、社会学或传媒领域，专业性的口述史仍属少见。本访谈录作为将口述史方法应用于城市规划史研究领域的一项探索，具有专业性口述史的内在属性，并表现出如下两方面的特点：一是以大量历史档案的查阅为基础，并与之互动。各位老专家在正式谈话前进行了较充分的酝酿，在谈话文字稿出来后又进行了认真的审阅和校对；各个环节均由规划史研究人员亲力亲为，融入了大量史料查阅与研究工作。二是老专家为数众多，且紧紧围绕相近的中心议题谈话，访谈目的比较明确，谈话内容较为深入。各位老专家以不同视角进行谈话，互为补充，使访谈录在整体上表现出相当的丰满度。

有关学者曾指出："口述史学能否真正推动史学的革命性进步，取决于口述史的科学性与规模"，如果"口述成果缺乏科学性，无以反映真实的历史，只可当成讲故事；规模不大，无力反映历史的丰富内涵，就达不到为社会史提供丰富材料的目的"②。若以此标准而论，本访谈录似乎是合格的。但是，究竟能否称得上口述史之佳作，还要由广大读者来评判③。

不难理解，口述历史是一项十分繁琐、复杂的工作，个人的力量有限，而当代口述史工作又极具其抢救性的色彩。因此，迫切需要有关机构或单位引起高度重视，发挥组织的力量来推动此项事业的蓬勃发展。真诚呼吁并期待有更多的有志之士共同参与④。

李 浩

2020 年 12 月 31 日

于北京建筑大学

---

① 周新国．中国大陆口述历史的兴起与发展态势 [J]．江苏社会科学，2013(4):189-194.
② 朱志敏．口述史学能否引发史学革命 [J]．新视野，2006(1):50-52.
③ 毫无疑问，口述历史可以有不同的表现形态。就本访谈录而论，相对于访谈现场原汁原味的原始谈话而言，书中的有关内容已经过一系列的整理、遴选和加工处理，因而具有了一定的"口述作品"性质。与之对应，原始的谈话记录及其有关录音、录像文件则可称之为"口述史料"。然而，如果从专业性口述史工作的更高目标来看，本访谈录在很大程度上仍然是史料性的，因为各位老专家对某些相近主题的口述与谈话，仍然是一种比较零散的表现方式，未作进一步的归类解读。目前，笔者关于新中国规划史的研究工作刚开始起步，在后续的研究工作过程中，仍将针对各不相同的研究任务，持续开展相应的口述历史工作。可以设想，在不远的未来，当有关新中国城市规划史各时期、各类型的口述史成果积累到一定丰富程度的时候，也完全可以按照访谈内容的不同，将有关谈话分主题作相对集中的分析、比较、解读和讨论，从而形成另一份风格截然不同的，综述、研究性的"新中国城市规划口述史"。
④ 对本书的意见和建议敬请反馈至：jianzu50@163.com

总目录

第七辑

彭一刚先生访谈
鲍世行先生访谈
崔功豪先生访谈
黄天其先生访谈

第八辑

孙栋家、王有智先生访谈
包海涵先生访谈
张友良先生访谈
沈远翔先生访谈
李桓、葛维瑛先生访谈

第九辑

梁凡初先生访谈
杨念先生访谈
张敬淦先生访谈
陶宗震先生访谈
张其锟先生访谈
胡志东先生访谈
赵冠谦先生访谈
王绪安先生访谈
钱连和先生访谈
武绪敏先生访谈
申予荣先生访谈
张凤岐先生访谈
董光器先生访谈
赵知敬先生访谈
柯焕章先生访谈
马国馨先生访谈

目录

序

前言

总目录

蒋大卫先生访谈 / 101

宋启林先生访谈

我把马克思的《资本论》的内容基本上都仔细看过了，最后看到的却是马克思说过的这句话：土地是资源的产物，没有价值。马克思也有写"借贷论"，他把土地价值劳动绝对化了，因此他认为土地是没有价值的。我分析，城市建设需要好多钱，这些钱就得从土地里面来。以前的情况，分明就是"捧着金饭碗讨饭吃"。所以，我提出："城市土地必须有偿使用"。

（拍摄于 2017 年 11 月 18 日）

专家简历

宋启林（1928.7.18—2020.1.25），湖南湘潭人。

1946—1950 年，在湖南大学土木工程系结构专业学习。

1950 年 9 月毕业后，在东北计委（财委）统计局基建处参加工作，1954 年任施工科副科长。

1955—1958 年，在国家建委城市建设局、区域规划局工作。

1958—1961 年，在国家计委基建局工作。

1961—1963 年，在驻越南经济代表处从事援越技术指导工作。

1963—1966 年，在对外经济联络总局技术室、设计院工作。

1966—1978 年，先后在山东省淄博市二轻局设计院、104 干校、石油化工部合成纤维厂建厂指挥部等工作。

1978—1983 年，在淄博市城市规划局工作，任副局长。

1984 年，在淄博市城乡建设委员会工作，任副总工程师。

1984 年 9 月起，在中国城市规划设计研究院工作，曾任深圳咨询中心经理。

1994 年离休。

2016 年 11 月 18 日谈话

访谈时间：2016 年 11 月 18 日下午

访谈地点：广东省深圳市龙岗区布吉镇敬老院，宋启林先生房间

谈话背景：在《八大重点城市规划——新中国成立初期的城市规划历史研究》一书正式
　　　　　出版和《城·事·人——新中国第一代城市规划工作者访谈录》（第一、二、
　　　　　三辑）初稿完成后，于 2016 年 10 月上旬寄呈宋启林先生审阅。2016 年 11
　　　　　月中旬，访问者赴深圳参加第四届中国城乡规划实施学术研讨会暨城乡规划
　　　　　实施学会委员会年会，在此期间，宋启林先生应邀与访问者进行了本次谈话。

整 理 者：吕晓蓓（1977 年生，女，中国城市规划设计研究院西部分院总规划师 [原深
　　　　　圳分院研究中心主任]，负责初稿整理）、徐培祎（1988 年生，女，中国城
　　　　　市规划设计研究院深圳分院研究中心规划师，参与初稿整理）、李浩（负
　　　　　责后续整理）

整理时间：2017 年 2 月 16 日

审阅情况：经宋启林先生审阅修改，于 2017 年 11 月 18 日定稿

宋启林：我 1948 年参加学生运动，1956 年入党，现在快 90 岁了，一辈子都没有停止过
　　　　学习和思考。我的工作经历，主要可以分为两个阶段。

一、工作经历的两个主要阶段

宋启林：1948 年到 1978 年，算是我工作的第一阶段。第一阶段的这 30 年，现在回过头

图 1-1　宋启林先生和任震英先生在一起（1983 年前后）
左起：宋启林（左 1）、任震英（右 2）、方运承（右 1）。
资料来源：宋岳（宋启林先生的女儿）提供。

来看，工作变动比较频繁，从国家计委、国家建委，到东北计委、东北财委、东北统计局等，来回调动。那个时候，这些部门主要就是两类人，一类是老干部，另一类就是大学生。一直到 1978 年，实行改革开放以后，落实知识分子政策，我到山东省淄博市城市规划局工作，担任副局长。直到这个时候，我才正式开始搞城市规划工作，进入人生的第二个阶段（图 1-1）。

我刚大学毕业后的前四年，是在东北行政大区[①]工作。先是在东北计委统计局，主要搞基本建设的统计和管理工作。那个时候，"基本建设"在东北还是比较新鲜的工作，光这个名字本身就够解释半天的。我先是搞过两年统计工作，主要是经济方面的。再后来，我又被调到东北财委，在基本建设局搞业务工作。1954 年大区撤销[②]后，我被派到国家建委工作了 10 多年。刚到国家建委时，是在区域规划局的综合处工作。1956 年，我被任命为综合处的组长，那个时候的组长相当于现在的科长，主要工作是搞业务。同一年，我评上了工程师，之后

① 新中国成立初期，延续中华人民共和国成立前夕设置的华北、东北、华东、中南、西南、西北六大行政区。
② 1954 年 4 月，中共中央政治局扩大会议做出决议，撤销大区一级行政设置。

就基本上以工程师的身份做工作。到了 1981 年的时候，我在山东评上了高级工程师，那时候还要考英文，逼得我学了三个月的英语。后来，我调到建设部工作时，又被评上了高级规划师和教授级高级规划师，但我仍然是从事技术、业务工作。

1950 年代，在国家建委工作期间，对我来讲，收获很大的就是跟着国家计委的吕克白[①]，搞了两年宏观规划工作——1956—1957 年，搞全国的生产力布局规划。通过这个工作经历，我的宏观综合能力得到了锻炼和提升。那个时候，我第一次知道有"南水北调""北煤南运""西电东送"等这些概念，这都是对全国的生产力布局进行调整的一些思路。

李　浩（以下以"访问者"代称）："南水北调"这些概念，早在 1956 年、1957 年的时候就提出来了吗？

宋启林：是的。那个时期觉得华北地区水的问题解决不了，继续发展下去不行。当时，在北京烧开水，一个礼拜的时间，水壶中就能长满水垢。万里说过，如果北京水的问题解决不了，就要考虑迁都。

华北地区水治理的事情，一直搞了 30 多年，现在见效果了。北京的水现在已经不太出水垢了，因为引入了丹江口的汉水，水源得到了改善。另外，1960 年代还大力宣传过"引滦入津"工程。所以，我觉得这个工程了不起，很有魄力，跨越一两千公里，还要跨过黄河等，让河北、天津、北京、河南都用上了丹江口的水。

1950 年代的时候，报纸上整天宣传苏联的大工程，我当时还觉得这些工程太悬了，都是梦想的工程。就像当时最高的电压是 22 万伏，但"西电东送"的工程要求达到 80 万 ~ 100 万伏。当时觉得不可能，现在都实现了，真是了不起的大工程！对我来讲，这也是很深刻的共产主义教育和党的教育。

二、山东淄博的"大城市"规划

宋启林：你的《八大重点城市规划》一书中提到了"反四过"。当年我搞淄博总体规划的时候，要在那里建设一个 30 万吨的乙烯厂。在当时，这是一个很大的项目，占地规模很大。当时，这个项目要放到山顶上，我提出反对意见。我一提出来，石化厂的人很高兴，说我们可以不去山上了，在淄博已经够吃苦了——当时在

---

① 吕克白（1917.2—1999.10），河北宁晋人。1933 年参加革命。1949 年 7 月，任中财委计划局处长。1953 年起，先后担任国家计委、国家经委、国家建委局长，1961 年任国家计委党组成员、计委委员。1964 年任国家经委党组成员。1965 年任国家建委副主任。1981 年后，先后任国家建委和国家计委副主任、国家计委顾问等。

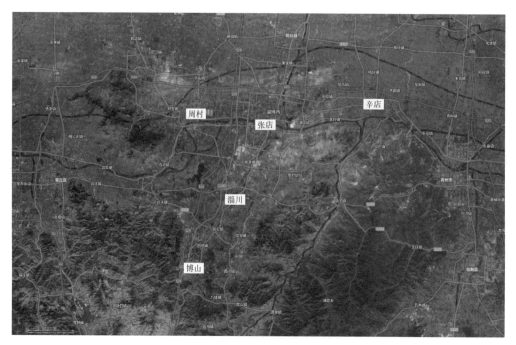

图 1-2　山东淄博地区区位示意图
资料来源：百度地图截屏。

那个小城市，什么东西都买不到。但是，因为那片山下面全是很肥沃的农田，那些田地是高产地，在下面建厂就要求必须得划出一部分农田，作为建厂的用地。那时候，国家提倡发展小城市。国家建委主任韩光[①]就说过：严格控制大城市发展，合理发展中等城市，积极发展小城市；做城市规划工作的同志不能违反政策方针。有一次，在国家建委参加会议时，我发言提出了反对意见，我说：提倡要"大力发展小城市"的人都是不在小城市生活的，没尝过在小城市生活的滋味，像我是待在小城市的，就很反对发展小城市，大城市有什么不好？

淄博号称是一个一百万人口的大城市，但实际上也就是五个小城市：博山是个十多万人的小城市，淄川是个三四万人的小县城，还有周村、张店，再有就是后来成立的辛店（即临淄，图1-2）。我去那里的时候，辛店才刚成立不久，也就十几万人。

我在做淄博规划的时候，提出了一个概念，叫"组群式"（组群型的大城市），

① 韩光（1912.3.24—2008.9.27），黑龙江齐齐哈尔人。1930年代初，任共青团北满特委书记、省委秘书长、东北工作委员会副书记。1945年10月，任中共大连市委书记兼大连市警察总局（后大连公安总局）政委。1946年起曾任大连市临时参议会副议长、中共旅大地委书记、旅大行政公署主席等。中华人民共和国成立后，先后任旅大市市长、中共旅大市委第一副书记、东北行政委员会委员、东北行政委员会财政经济委员会副主任、中共黑龙江省委第二书记、黑龙江省省长、国家科委常务副主任。1975年恢复工作后，先后担任国家基本建设委员会副主任、党组副组长、主任、党组书记。1978年12月被选为恢复重建的中共中央纪律检查委员会委员、常委，1982年被选为中共中央纪律检查委员会委员、常委、书记，1985年9月增选为中共中央纪律检查委员会常务书记。

图 1-3 宋启林先生在山东淄博规划工作期间的
一张留影（1983 年前后）
注：宋岳摄于淄博。照片左下角空白系照片冲洗时所致。
左起：宋启林（左 1）、陈从周（左 2）、方运承（右 1）。
资料来源：宋岳提供。

包括刚才说的 5 个小城市，以及周围一群小城镇，凑了七八十万人，可以发展到一百万人。实际上就是想把一些小城市变成一个大城市，但相互之间是有联系的。我做"组群式"城市总体规划的时候，想到了 30 万吨的乙烯厂。当时，本来计划在王寨搞一个"王寨公社"，比山顶上方便。但是，火车站在辛店，那有一条小街，没有城市。所以，我坚决要求把王寨这个点否掉，在辛店划出来一片搞建设。"胜利石化"（齐鲁石化总公司）的人听到很高兴。1980 年，韩光在全国城市规划工作会议上的报告中就说了这样一个问题："胜利石化"长达十多公里，搞了四五个大厂，城不城、乡不乡，本来可以形成一个大一点的城市[①]。最后我就在辛店搞了一个新城，临淄区也搬到辛店来了。

所以，我一下就把这个观念调整过来了：为什么不能搞大一点的城市？问问这些小城市的人，谁不是叫苦连天？我在淄博待了十多年，对这个小城市感同身受，所以帮他们呼吁（图 1-3）。最后，山东省的一个副省长专门主持开了一次座谈会，对这个问题进行讨论，把"王寨公社"的点否决了，换到在火车站旁边建。当时，参加的专家，基本上都同意这个意见，只有一个人不同意，就

---

① 1980 年 10 月 6 日，国家建委主任韩光在全国城市规划工作会议上的报告中指出："多年来，我们的教训之一，就是在建设中只注意安排工业项目，而很少从生产和生活两方面的需要来综合考虑城市的发展，相应安排其他各项设施的建设。结果，许多新工业区不能形成各类设施比例协调、布局合理的城市，反过来又影响生产的发展。比如山东辛店胜利石油化工总厂，从 1966 年以来，陆续建成了炼油厂、化肥厂、橡胶厂等，为国家作出了贡献。但是，由于从一开始就没有按照城市进行规划，厂与厂之间，生产区与生活区之间，缺乏合理布局。工厂沿着十公里的山坡地，摆开一字'长蛇阵'，道路管线拉得很长，每个工厂各搞一摊生活区，每一摊生活服务设施都不配套，整个工业区的商业服务、文化教育、市政建设和城市交通难以合理组织，给职工生带来许多不便。搞了15 年，已有 5 万多人口，却至今没有形成一个完整的小城市。类似辛店这种情况，'三线'地区更为严重。"资料来源：国家城市建设总局办公厅 . 城市建设文件选编 [R]. 北京，1982：91.

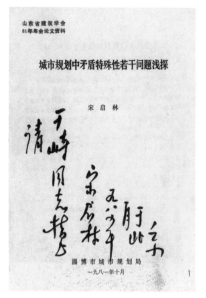

图1-4 宋启林先生参加山东省建筑学会学术交流论文封面（1981年10月）

注：宋启林先生于1984年1月赠送给周干峙先生的材料。

资料来源：周干峙先生保存的文件资料[Z].（中国城市规划设计研究院收藏）

是当初选定"王寨公社"的那个人，还有一个专家交代过他，要他一定要坚持王寨这个点。

"胜利石化"那里完全可以形成一个很大的城市，多方便。韩光在全国城市规划工作会议上点了这个问题。在这之前，我本来是反对大城市的，但是我的思想还是很开放的，很快就又转变了（图1-4）。对此，我也是深有体会的，因为当时我想让辛店一带形成一个比较大的中心，但就是找不来项目，这是当时工作的困难。因此，如果说什么事情都是绝对化的话，很多事情就办不成。邓小平就说过要实事求是。

三、"城市土地有偿使用"论点的提出

宋启林：我当淄博市规划局副局长的时候，也有一套工作方法，规划局人来人往，局长都忙得不得了，一个关键点就是大家都找你要地，所以这个事我从来不掺和，都让科长、规划室主任去接待，这样一来，我就可以腾出手来搞我的专业。

我刚当上规划局副局长，马上就发现了一个问题，就是没钱做规划。那个时候开了一个口，叫城市建设维护费，从上一年工商利润中提取5%的比例，但还是杯水车薪。后来我就查原因。早在1955年，财政部下过一个通知，称城市土地属于国有，如果交土地费就是"左手"交给"右手"，所以就免了土地费，以后土地就不收费了，根据批件和项目，有计划地划拨就行了。在解放以前，像黄浦江两头都是寸土寸金，但是政府却没有钱，所以我觉得土地不收费不对。

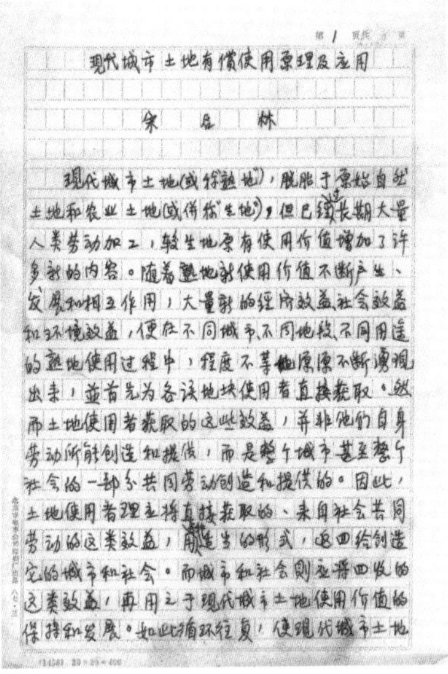

图 1-5 宋启林先生手稿（1984 年前后）
注：该文写作时间不详。
资料来源：周干峙先生保存的文件资料[Z].（中国城市规划设计研究院收藏）

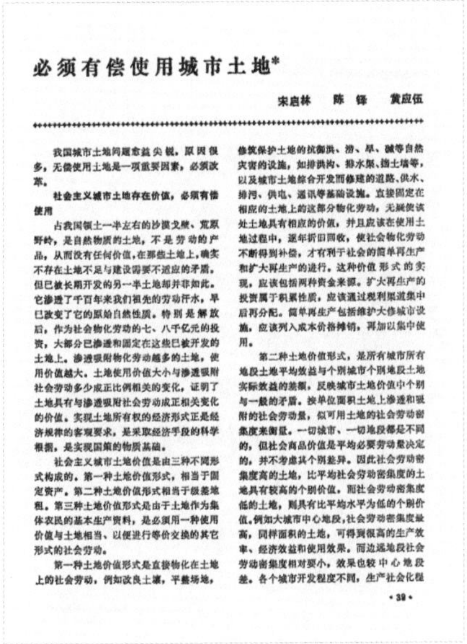

图 1-6 宋启林先生在《城市规划》杂志上发表的《必须有偿使用城市土地》论文（首页）
注：1983 年第 6 期。

最后，逼得我就去啃《资本论》。我把马克思的《资本论》的内容基本上都仔细看过了，最后看到的却是马克思说过的这句话：土地是资源的产物，没有价值。马克思也有写"借贷论"，他把土地价值劳动绝对化了，因此他认为土地是没有价值的。我分析，城市建设需要好多钱，这些钱就得从土地里面来。以前的情况，分明就是"捧着金饭碗讨饭吃"。所以我提出："城市土地必须有偿使用"（图 1-5）。

1979 年，我参加山东省经济学会的一次会议，我在一个小组里，会议也没有安排我发言，但我踊跃发言，在会上念了一篇文章《必须有偿使用城市土地》。我就在那儿念着，自己还挺得意，念完以后，会场鸦雀无声，也没有反对的。最后，山东大学经济系的一位系主任有点冷笑地说："土地没有价值，这是马克思说的"。

后来，我就拿着"城市土地必须有偿使用"这套理论，到处游说。1980 年，我去北京开会的时候，就在城建总局讲了我的观点。搞实际工作的人一听很有道理，总局有两个局长都很支持，让《城市规划》杂志给我登这篇文章，1983 年第 6 期就登了《必须有偿使用城市土地》（图 1-6），那时《城市规划》杂志刚开始办刊不久。1984 年，我在市长研究班讲了"土地有偿使用"这套理论（图 1-7），市长们说：如果土地可以有偿使用，那钱袋子就来了。他们希望赶快实行。

马克思说的"土地没有价值"，是一个笼统的概念。土地分很多种，现代城市

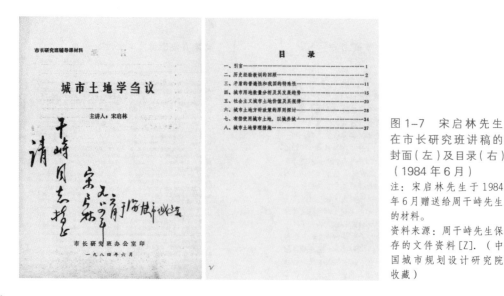

图 1-7　宋启林先生在市长研究班讲稿的封面（左）及目录（右）（1984 年 6 月）
注：宋启林先生于 1984 年 6 月赠送给周干峙先生的材料。
资料来源：周干峙先生保存的文件资料[Z].（中国城市规划设计研究院收藏）

土地哪有不要钱的？怎么会没有价值？马克思的有些观点是绝对化了。他提出"土地没有价值"的时候，还没有现代城市，那个时候的城市比较简单，现在的城市建设很费钱。所以，我一下子就把"土地有偿使用"的盖子揭开了。1988 年，《宪法》作出修改，删除了土地不得出租的规定，明确规定"土地使用权可以依照法律的规定转让"，等等。我们念书，念透了以后就会发现，有些东西绝对化了也不行。

从 1978 年我研究这个问题开始，好多人就给我扣帽子，说：马克思说了土地没有价值，你无知。学者们都耻笑我连马克思理论的常识都不懂，这是让人最难受的。一路走下来，我发现，"土地有偿使用"这个概念，在思想没打开以前简直就是铜墙铁壁，根本破不了，一旦打开以后，那就成了一张纸。哪怕你驳我也好，最后就是这样。

所以，不要以为很多观念牢不可破，实际上并不是这样，都是人们的传统观念给造成的。我当淄博市规划局的副局长，"第一炮"就是搞"土地有偿使用"，然后接着搞了两三年的总体规划。再后来就是搞出了深圳特区总体规划。

四、获幸调入中国城市规划设计研究院

宋启林：1978 年开始，我在淄博市城市规划局当副局长。1983 年，在一次关于"城乡建设科技政策"的论证会议上，我第一次见到周干峙，并且在会上作了发言。到 1984 年，我已经 56 岁了，又一次见到周干峙，我对他说：我不想在淄博待了，想来中规院（中国城市规划设计研究院的简称）工作。他听了很高兴，说：好啊！

图 1-8　宋启林先生与周干峙先生等在海南三亚的一张留影（1990 年代）
左起：宋启林、周干峙、林志群。
资料来源：宋岳提供。

当场就定下来，要把我调过来（图 1-8）。当时，一同开会的有中规院的一个副院长，叫陈润，周干峙马上要他带上一个人事处的干部帮我办调动手续。

早在 1964 年，以前的中规院（当时院的名称为"国家经委城市规划研究院"）被撤销了。到 1980 年代初，要重新组建，很多人伤透了心，不愿意再回来。最后没办法，国家建委就给国务院写了个报告，光有刚毕业的学生不行，要求给一批老同志，大概 14 个指标。国务院是由田纪云[①]批的这个报告。陈润副院长带着国务院的批件去淄博市，淄博市委一看是国务院的批文，两三天就办完了。我是 1984 年 8 月 31 日到北京报到的，事情安排完我就上班了。刚一上班，周干峙就告诉我：昨天深圳市市委常委研究决定，委托中规院做总体规划，一共给经费 30 万元，给一年半的时间，给三套房子和一部车。他要求我马上去深圳负责这个项目。周干峙当时是中规院院长，后来是深圳市城市规划委员会的首席顾问（图 1-9）。

1979 年，特区成立之前，深圳市就开始搞规划了，四年搞了三次规划，但深圳市委市政府觉得不满意。最后到 1984 年，下决心委托中规院来搞特区总体规划。我调到中规院之后，马上就到深圳，负责深圳经济特区总体规划这个项目。

---

① 田纪云（1929—），山东肥城人，1941 年秋参加八路军，1945 年 1 月参加工作，同年 5 月加入中国共产党。曾任冀鲁豫战指挥部总会计、赣东北行署财政处总会计等。中华人民共和国成立后，曾任贵州省贵阳市军管会财政接管部机要秘书、贵州省财政干部训练班班主任、贵州省财政厅副厅长、中共中央西南局财办金处副处长、四川省财政厅厅长、国务院副秘书长、国务院副总理兼国务院秘书长、中央政治局委员、中央书记处书记、全国人大常委会副委员长等。

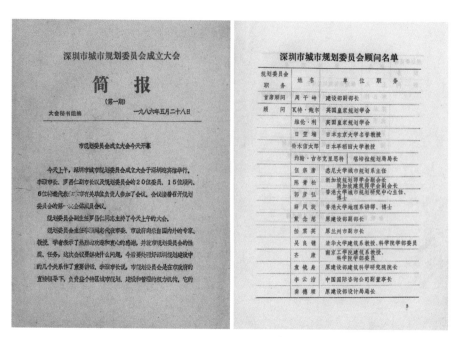

图1-9　深圳市城市规划委员会成立大会简报（首页）及顾问名单（首页）（1986年5月）
资料来源：周干峙先生保存的文件资料[Z].（中国城市规划设计研究院收藏）

五、受命开展深圳经济特区总体规划之初

宋启林：周干峙很相信我，给我下达深圳规划任务的同时，很快就给了我十个人：五个老同志，五个新同志（年轻人）。国庆节过后，我们就到深圳市报到（图1-10）。到深圳的第二天，市委副书记、常务副市长就主持召开了市机关干部大会，在会上明确说：我们的城市规划现在已经委托中规院负责，昨天他们来了。在那次会上，深圳市领导还捎带说了一句话：来的五个大学生是"娃娃兵"。这都是后来深圳市规划局派来和我们配合工作的老安跟我说的。中规院，原来的那个国家大院，1964年早已经撤销了，现在重新组建，总共才一百多人，大部分是大学生，很多老同志都回不来。

到了晚上，我马上就把这个事告诉了周干峙。他说："平均年龄21岁，怎么就成了'娃娃兵'了？不理他。"他不理行，但我呢？在深圳，整天跟设计单位打交道，人家如果瞧不起我们，也是不行的。搞城市规划，没有权威是不行的，规划和设计不一样。特别是结构设计这一类，领导们也不敢说话，因为结构设计是会出人命的。但规划谁都敢说，也不会死人。所以，必须要有权威，说出来的话人家才不会反驳。

那时候，我真正从事城市规划工作才五六年时间，在城市规划界还没有很高的知名度。我看你写的这几本书中，只有1张照片里面有我，就是跟任震英一起在十堰的合影（图1-11），这也说明以前我在城市规划界没有名气。但在土地

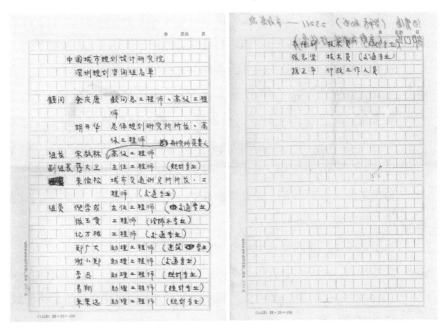

图1-10　中国城市规划设计研究院深圳规划咨询组名单(1984年前后,胡开华先生手稿)
资料来源:周干峙先生保存的文件资料[Z].（中国城市规划设计研究院收藏）

图1-11　在十堰市总体规划评审会上的留影（1989年10月）
前排（坐姿者）：任震英。
后排：沈迟（左1）、李迅（左2）、马福全（左3）、杨葆亭（左4）、宋启林（左5）、尹海林（右6）、闵希莹（右5）、邹德慈（右3）、孔彦鸿（右1）。
资料来源:中规院党办提供。

部门，我还是挺有名的。我感到必须要赶快建立起我的权威。

那么，我就面临着一个要如何打开局面的问题。正好，深圳市规划局有个搞交通的工程师，他向我反映了此前深圳总规的一些情况。那个时候，像罗湖火车站靠香港边界，深圳是一个带形城市，有一条路叫作"深南大道"，一共三十多公里，广九铁路在底下，经常堵车，所以他们急得不得了。1980年、1981年和1982年做的三次规划，他们都不太满意，据说都被称为"创业派"的领导反对，他们都是说一不二的，要求深圳的规划要达到世界先进水平。最后，深圳市的一个副市长，带着规划局的一个副局长和一个副科长，就直接到北京去，跟中规院谈签约去了。

由于这件事，导致深圳市规划局的一位主要领导对我们很不友好。因为让中规院做规划，是副市长直接找了副局长去和中规院商谈的，没有通过她，规划局长就"吃醋"了，所以她对我们很不满意。她在国家建委当了几年的设计局局长，后来又到深圳任职，原来跟她打交道的都是大设计院，那个时候中规院还没有什么名声。她的意思是：规划局有80多个干部、40多个工程师，还搞不了这个规划吗？还要去北京请中规院？她"吃醋"。所以，她就想给我们出难题。

我呢，都搞了30多年的工作了，这种事儿对我来说就是小菜一碟。我无论到哪里工作，从来不拉架子，因为你不拉架子，人家一看就高兴，什么事情都替你办了。后来，深圳市为了更好地加强规划局的力量，请求中规院支援一位具有丰富规划经验的规划师，当时中规院的总体规划所所长胡开华同志被调到深圳市规划局当局长。深圳那个地方搞规划，每天都有新的情况，胡局长都会跟我讨论。再后来我跟深圳市规划局的那些科长都挺熟的（也就是跟副局长不太熟），消息慢慢就灵通了。当时，他们还派了一个"卧底"到我们组当联络员，最后连这个亲信都跟我们挺熟了，局长那边有什么消息也都会告诉我。

后来，深圳市规划局说要花4700万元修一个大立交桥，有四个"大耳朵"①，做出来会很气派。可是呢，其中一个"耳朵"是要把刚盖完的深圳人民医院的门诊部撤掉，得花1000多万；还有一个"耳朵"要经过深圳大旅社，与建成的铁路有交集，也要拆掉，这是很大的代价。规划局的同志对我说：这个问题只有你们敢提，我们在市委都开了两次会，市领导都挺横的。

我说：这倒是一个好机会，我们刚来，又都是"娃娃兵"，还没有打开局面，还不能马上开始做城市规划，趁着熟悉、接头和配合的时间，可以赶快做出一个方案来。因为当时铁路比现在的铁路矮一点，我们的方案就是把铁路稍微抬

---

① 指立交桥4个方向的"匝道"，通常是连接立交上、下道而设置的单车道单方向的转弯道路。

图 1-12 宋启林先生正在汇报深圳规划中
（1980 年代）
资料来源：宋岳提供。

高一点，这样道路直接就可以通过去了。

过去，我们把铁道部门叫"铁老大"，因为他们动不动就拿规范说事儿，你拿他们没招。因此，这个事我就找了广深铁路局主管设计的何工，请他帮我的忙，他很痛快地同意了，他已经知道了这个事的难点——抬高过深南路的桥。

这个桥是每侧 3 米走汽车、1 米走行人，共计 8 米宽的铁路桥。因为铁路震动很大，所以桥梁的厚度、高度在规范上有一定要求，高度不能小于 80 厘米，不然震动的条件满足不了。深南路也不能再往下挖了，因为下面有一条到深圳湾的排洪水沟，上面有混凝土的顶板，不能把这个东西给破坏了，不然排洪排不到深圳湾去，所以这个也不能动。但当时还没有 80 厘米高、8 米宽的铁路桥梁，所以，要用预应力钢筋混凝土才能做到 80 厘米高。后来，何工专门做了一个试验，并且成功了，最后还获了奖。

当时，我们花了十天时间，连方案带模型都做出来了，副市长最后采纳了这个结构方案，还有两个地方不用搞拆迁了，他们很高兴。这件事情的关键是何工，如果没有他说服铁路部门，我们就不容易成功了，何工自己就是铁路局的工程师，他自己可以说了算，所以就可以自己改设计。

搞实际工作，如果把老百姓的政治学透了，就会无往而不胜。因为你不拉架子，相互交往起来大家都高兴，什么事情都替你办了。所以，不讲政治不行，要讲群众路线的政治，要和群众能打成一片。我就是有这个长处，到哪个地方很容易打成一片，也是跟老百姓同吃同住过来的，没架子，另外就是一切从实际出发，所以一下子就把关系打好了。我们做深圳规划，有两个老同志（余庆康和胡开华）在那儿把关，下面的年轻同志也都很争气，所以工作起来特别顺。就这样，我们用十天时间，一下子就打开了局面，再也没有人说我们是"娃娃兵"了（图 1-12）。从那以后，深圳市委、市政府领导对我特别尊重。这当然主要是靠周干峙。那个时候，虽然他还不是副部长，只是一个普通的工程师，但他是谷牧①指定的五人小组成员②，五人小组里他是"小萝卜头"，其他人都是老干部、局长之类的人。周干峙很聪明，他知道自己压不住阵，所以每次开会，他都带上陈占祥和任震英两个人坐在旁边，他们两个人一坐在那里，就算不说话，也能镇住这些人。

城市规划就有这个问题，必须压得住台，不然什么毛病都给你找出来，光这些毛病就够你受的。我们做深圳特区规划，之所以很顺畅，也就在于这个地方，因为周干峙、陈占祥（图1-13）、任震英往那一坐，情况就不一样了。

陈占祥在1940年代就去了英国留学，在英国规划界是老前辈了，他还有英国皇家规划师学会的会员资格。在英国待了十多年，他的英文比中文说得还溜，而且说的都是1940年代的英语，那个时候的英语就像我们中国的文言文。

我刚开始做深圳规划的时候，问过陈占祥一个问题。我问："城市规划的世界先进水平是什么样？"他回答说："能结合这个城市具体情况的城市规划，就是最先进的城市规划。"这样一句话，让我很受益，我把它深化为三条：第一，要最契合这个城市的实际情况；第二，经济效益、社会效益、环境效益要恰到好处；第三，在规划上有所创新和前进。

六、深圳规划工作中的几点体会

宋启林：我们刚开始到深圳的时候，实际上并不知道怎么做特区总体规划。我们查世界上的开发区规划，规模最大的也才几十公顷；即使台湾新竹，也就3平方公里。深圳一下子有300多平方公里。周干峙说：我们就摸着石头过河吧。后来，我

---

① 谷牧（1914.9.28—2009.11.6），山东荣成人，1931年加入中国共产主义青年团，1932年转为中国共产党党员，曾任山东省立第七（文登）乡村师范学校党支部书记、东北军第112师中共工作委员会书记、中共中央山东分局统战部部长、中共中央华东局秘书长、中共中央华东局直属滨海地委书记兼滨海军分区政治委员、鲁中南区党委副书记兼鲁中南军区副政治委员等。中华人民共和国成立后，曾任中共济南市委书记、市长，济南警备区政治委员、中共上海市委宣传部部长、中共上海市委第二副书记、中共中央华东局工业部部长、中共上海市委副书记等。1954年12月起，曾任国家建设委员会副主任、国务院第三办公室副主任、国家经济委员会副主任、中央工业交通政治部主任、国家基本建设委员会主任等。"文化大革命"期间受到迫害。1973年3月起，任国家基本建设委员会革委会主任、党的核心小组组长，兼任国家计划委员会革委会副主任、党的核心小组副组长。1975年1月任国务院副总理兼国家基本建设委员会主任、党组书记。1978年9月兼任国家计委主任、党组副书记，中国人民解放军基建工程兵政治委员、党委第一书记。1979年8月兼任国家进出口管理委员会、国家外国投资管理委员会主任、党组书记。1980年2月至1985年9月，任中央书记处书记；1982年5月至1988年4月，任国务委员。1988年4月，当选为政协第七届全国委员会副主席，兼任全国政协经济委员会主任。中国共产党第十届、十一届、十二届中央委员，第十一届、十二届中央书记处书记。
② 即深圳规划建设顾问"五人小组"，成立于1983年，成员包括袁镜身（原中国建筑科学研究院院长，时任中国建筑学会常务理事）、李云洁（原国家建委设计局局长，时任中国国际工程咨询公司总经理）、龚德顺（时任城乡建设环境保护部设计局局长、中国建筑学会秘书长）、周干峙（时任中国城市规划设计研究院院长）和杨芸（一位老建筑师）。

图 1-13　宋启林先生与陈占祥先生等在一起的一张留影（1990 年代）
注：地点在海南三亚。
左起：宋启林（左 2）、陈占祥（左 3）、王健平（左 4）、邹德慈（右 4）、杨葆亭（右 3）。
资料来源：宋岳提供。

通过深圳这个规划实践，慢慢地就把这套东西摸清楚了。《明日的田园城市》的作者霍华德，本来是个速记员，最后成了规划界的祖师爷，他说过：我就是善于把所有好的意见综合起来。我这次也是这样。

1984 年，我们做深圳特区规划的时候，新加坡的一位规划师孟大强①邀请我们出两个人，一起参加华侨城规划，他想借用我们（中规院）的牌子，经费有 80 万美元，面积才三四平方公里。我们搞深圳特区总体规划，面积那么大，总共才 30 万元人民币。我们派去了两个人，跟着他还真学了不少东西。他们搞规划的手法，是我们过去在学校里没学过的。周干峙参加了孟大强主持编制的《厦门市城市总体规划》的论证，并把他那套规划的两本材料带过来给我了。我仔细看过后，一下子就清楚了（图 1-14）。

最后，我们出的成果一共有 64 张图纸（图 1-15），说明书有 20 多万字，这两部分东西就把人给镇住了。其中有很多分析图，我派易翔和小乔（乔恒利）去

① 孟大强，新加坡 OD205 设计事务所董事长（该事务所为荷兰 OD205 设计事务所的分部），1980 年代曾参与编制深圳"华侨城总体规划"。

图 1-14　宋启林先生关于厦门规划给周
干峙先生的一封书信（1991 年 4 月 4 日）
资料来源：周干峙先生保存的文件资料 [Z]. （中
国城市规划设计研究院收藏）

图 1-15　《深圳经济特区总体规划》成果封面
（上）及目录（下）
资料来源：深圳市规划局、中国城市规划设计研究院 .
深圳经济特区总体规划 [R]. 1986-03. （蒋大卫先生收藏）

孟大强那里跟踪学习[①]，最后他们画了一个深圳结构示意图，那个图很好，很简单明了，也很说明问题。最后我们给华侨城交了卷，我们也学到了不少，孟大强他们还真的给我们付了 7000 美元，当然他们自己也赚了钱。

按照谷牧的说法，深圳就是 80 万的城市户口加 30 万的临时户口，一共 110 万人。但在当时，我有一个想法，我认为我们最后要超过香港。我到过香港，香港的那些规划师瞧不起我们，我说香港有什么了不起？我们搞的深圳，将来就是要超过你们。所以，我的思路跟别人就有些不一样了，如果别人搞，恐怕不会想到要超过香港，我在深圳搞规划的时候，一开始就认为可以超过香港。这也可以说是点灵感，没什么根据，也没有什么科学依据，就是点感觉而已。这个东西不能说出来，如果说出来就不灵了。

正因为如此，我在深圳做的规模就放开了。香港当时也就五六百万人，考虑到要超过香港，如果 1997 年香港回归大陆以后，深圳就只有几十万人是不行的。到现在，深圳已经有两千万人了，但在当时，再怎么想也不会想到有这么多人，

---

① 关于此事的详情，参见：刘洵藩 . 华侨城规划的前前后后 [R]// 五味集——中国城市规划设计研究院深圳分院
二十周年·文集 . 2004：32-34；乔恒利 . 参加中规院的第一次国际合作项目 [R]// 五味集——中国城市规划设计
研究院深圳分院二十周年·文集 . 2004：34-36.

图 1-16　规划工作现场调研的一张留影（1991 年 3 月 24 日）
注：右 3 为宋启林。
资料来源：宋岳提供。

我以为六七百万人就差不多了。

夏侯跟我说过：搞这个规划，首先就得把对外的交通全部打开，所有的海、陆、空都打开。他的这一句话，把我的思想一下打开了。那时候，周干峙给我写了张条子，夏侯是国家民航总局计划处的处长，他可能跟我差不多，嘴巴爱说。他一看我有周干峙写的条子，就给我们提供了好几个机场选址，最后选了深圳的黄田机场。

当时我做深圳规划的时候，西边到珠江口有一个妈湾港，可以搞两三个码头，东边交通部航道规划设计院搞了一个盐田港，就在大亚湾那个地方，水深十五六米。周干峙就跟我说：我们还是先开妈湾港，盐田港先搁一搁。我没吭声。然后，我到香港考察的时候，跟他们说：现在李嘉诚想开盐田港。香港人说：李嘉诚在这里，耗着我们的八号、九号码头都没开，现在又跑到盐田，要那块码头，肯定就是耗着那个地方，等有机会再说。我就在考虑：耗在那个地方的想法，有什么不好？深圳要是有几百万人的话，为什么盐田港不能开？我觉得跟西港（妈湾港）相比，东港（盐田港）还要大。正好李嘉诚发财运，1990 年代是海运的黄金时代，八号、九号码头和盐田码头他都开了（图 1-16）。

一下子，深圳的空中打开了，海里也打开了。陆地上呢？当时周干峙说：在香港天水围看见有一条路，可以直接通到水口，可以修一座桥。现在，水口直接通香港的大桥也起来了，珠、港、澳三个地方都通了。

夏侯说得对，像深圳这样的城市，海、陆、空都要敞开。现在，深圳的机场有

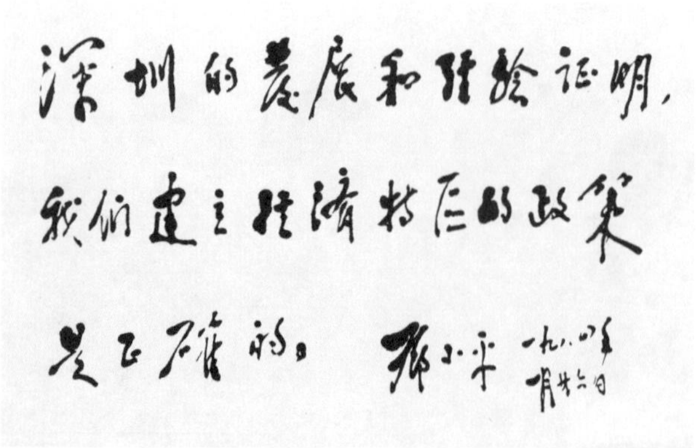

图 1-17 邓小平题字：深圳的发展和经验证明，我们建立经济特区的政策是正确的（1984 年 1 月 26 日）
资料来源：深圳市人民政府新闻处. 深圳经济特区创办十周年纪念册 [R]. 1990. 文前插图。

两条跑道，可以搞几百条航线，这就给深圳打下了两千万人的基础。因为当时我们做的是特区总体规划，那时曾经花了 8000 多万修建了一个铁丝网。我说过：这个铁丝网实际上是人为的。所以在搞规划的时候，我们根本就没考虑这个。没过多久，这个铁丝网也成了废物。

我这个人有一个特点，就是思想非常开放，我可以像孙悟空一样，几个跟头就翻到天上去。当时我还有一个想法，就是看见马尼拉修了滨海大道，深圳作为带形城市，北边有一条北环路，但南边没有，那里是专属海洋边境线，我们就给它规划了一条滨海大道。所谓"三分规划、七分管理"，这个问题千万要靠管理，最后就成了深圳湾公园，不开发不卖地，全部提供给老百姓，想法比我们更开放（图 1-17）。

我写过的文章里，也讲过"三分规划、七分管理"的观点，因为很多问题，在管理上只要掌握了我们的规划思维，就能超越我们。现在又搞了"绿道"，这些是原来我们做的规划里所没有的。但我原来就有过"走堂"的想法，"走堂"就是上步和福田之间留的 800 米绿带。那些房地产商说：把这个地方给我吧！我说：这 800 米是不能动的。对此，周干峙也同意。现在成了中心公园。所以，深圳的规划最后是非常开放的。

王富海[①]挺精的，他最后把深圳特区规划的成果都要过去了。他们后来做的规

---

① 王富海（1963—），1985 年毕业于同济大学城市规划专业，在中国城市规划设计研究院参加工作。1990 年进入深圳市城市规划设计研究院工作，历任主任规划师、副总规划师、副院长、总规划师、院长。2008 年创办深圳市蕾奥城市规划设计咨询有限公司，任董事长至今。
1993 年前后，深圳市政府委托 1990 年新成立的深圳市城市规划设计研究院承担第二轮深圳特区总体规划编制任务，王富海为项目负责人，该项目组于 1994 年 5 月向深圳市委常委会第一次汇报时，深圳市委常委会要求把总体规划的范围从原经济特区内扩展到深圳全市，覆盖了当时刚刚成立的宝安区和龙岗区，项目成果名称为《深圳市城市总体规划 (1996—2010)》。关于该版深圳总规的有关情况可参见：王富海. 青春和热血都献给深圳城市规划（29 岁主持跨世纪的深圳市第二轮城市总体规划）[N/OL]. 深圳晚报，2016-07-01（A20 版）[2018-04-03]. http://wb.sznews.com/html/2016-07/01/content_3560807.htm.

图 1-18　宋启林先生与时任
深圳市副市长罗昌仁和吴良
镛先生在一起的留影（1990
年代）
左起：罗昌仁（时任深圳市副市长）、
吴良镛、宋启林。
资料来源：宋岳提供。

图 1-19　宋启林先生与时任
深圳市副市长李传芳女士在
一起（1990 年代）
注：左为李传芳（女），右为宋启林。
资料来源：宋岳提供。

划工作，实际上就是在我们工作的基础上，向外面搞了几条路。搞深圳总体规
划修编的同志都说：你们那个规划做得太好了。当时凡是能够想到的好主意，
我们都编进去了。

文化也是如此，我是跟市长们（图 1-18、图 1-19）学的。他们首先就搞起来
八大文化设施，我来的时候就已经开始在做了。梁湘[1]是个大学生，还是很有
眼光的。深圳大学体育馆、歌剧院、博物馆等 8 个文化设施都安排在位置很好
的地方。

农村问题我也是跟深圳学的。深圳特区里面有十几个生产队和十多个村庄，我
们也都做了规划。深圳农民跟其他地方的农民不一样，由于跟香港挨着，所以
眼界很高。我跟他们说：我们画的圈圈，你们不要超过，在这里面盖房子你们
自己说了算，不用报市里。这个权限一放开，这些房子一下子就都盖起来了。
我发现，跟农民打交道是另外一套学问，他们完全不管那些规章制度，怎么方

① 梁湘（1919.11.6—1998.12.13），出生于华侨家庭，广东开平人，毕业于北京师范大学。1936 年加入中国共产党。
曾任中共中央党校教务处副主任、中共辽宁省西安县工委书记、西安县县长、中共沈阳市区委书记、中共广东
省深圳市委第一书记等。1981 年 10 月深圳市升格为副省级市，并成立中共深圳市经济特区委员会常务委员会，
由梁湘任书记；成立深圳经济特区人民政府，梁湘任市长。

图 1-20　规划工作者的一张留影（1980 年代）
左起：吴良镛、任震英、邹德慈、宋启林、任致远。
资料来源：宋岳提供。

便就怎么搞，敢想敢干。我们画的那些圈圈，原来也就两三层，现在都十二三层了。最后，出现了 34 万栋高楼，但都是"握手楼"。不用这个办法行吗？还没有法治。当时我也考虑过怎么规划这些农村，但想不出好招。农民想出来的办法，就是不断往上加层。现在算下来，5 年加一层，30 年加了六层。农民发财，每加一层租出去都是钱。农民工也都愿意住进去，租金也便宜。深圳市也发财，政府一分钱都没掏。所以大家都发财。搞规划的人是不敢搞成这样的规划的，但农民敢。

特别意想不到的是，有一次，深圳市领导问几个国外的设计大师：我们深圳有没有世界水平？他们说：有，尤其是城中村，比开普敦、孟买的贫民窟强。因为深圳的人眼界都高，加盖的房子，每层的水、电、气都是全的，楼梯也是分开的，可以各走各的。对于这一两千万农民工，深圳市政府一分钱都没花。这个事我是看在心里，也急在心里，只好睁一只眼闭一只眼。结果，最后成了世界水平。

国家为了提高城市化的水平，好多钱最后都投到住宅上了。深圳 34 万栋高楼，住了一两千万人，最后市里一毛钱也没掏，而且什么事也不管，他们之间的问题都是内部去调节，不用政府负责。这个情况确实是我以前没有想到的。因为要解决外来的这一两千万农民工的具体问题，如果现在再去规划地方，也规划不起。这其实并不是我愿意看到的，福田的那几个村子我都跑去看了，简直不敢看，连救护车都开不进去，搞规划的怎么能搞成这样？但农民觉得好，最后国外规划师看着还觉得是世界先进水平。

如果简单从工作上讲，前面 30 年我没参与城市规划工作，我觉得是浪费了，但现在回顾起来，我后来在深圳搞特区规划却离不开前面的 30 年，如果没有前 30 年的经历和阅历，我做深圳规划也不会有那么大的眼界，似乎一下子全部都配合好了一样（图 1-20）。

七、城市规划的世界水平与中国特色

宋启林：真正把中国城市规划史写出来的话，是世界水平的，因为中国城市规划自古代起就是世界级的。中国的城市规划虽然在1840年以后落后了一百来年，但我们还是有中国文化底子的。比如我们参与的深圳特区规划，就是世界水平——1999年，深圳特区规划获得了国际建筑师协会（International Union of Architects）颁发的"阿伯克隆比"（Abercrownbay）大奖（UIA 阿伯克隆比爵士奖荣誉奖，即 UIA 城市规划奖）[1]。连周干峙都说这是亚洲第一个。

在当年举办的国内外专家评议会上，有个英国皇家建筑师协会会长瓦特·鲍尔（Walter Bor），他评价说："在这么短时间内就搞了这样的规划，了不起！我跑遍世界各国，也没看见过这么好、这么全面、这么深刻的总体规划，相信中国的同行能把中国的规划做好"。

当晚，我就向周干峙转述了这句话，周干峙当晚就跟建设部党组汇报了这个情况，并且知会了全国。当时，全国有好几个地方都是要请国外专家来搞总体规划的，根据伍尔特·保尔的评价，建设部就提出来：今后不再请国外专家搞城市总体规划了，因为总体规划和详细规划不一样，更需要结合中国实际。

深圳总体规划就是世界水平，睁只眼闭只眼也是有意识的，这就是中国特色。

你搞城市规划史研究，我希望你好好地把中国特色写出来，中国特色就包括深圳特区总体规划的特色，你将来也可以把它作为例子，这也算深圳特色。

中国特色是无奇不有的，如果都按规划来做，太费钱了，对人民要有一套办法，千万不能包办代替。你写规划史的时候，这些情况你要写全一些。所以，毛泽东最后说：群众是真正的英雄，而我们自己往往是幼稚可笑的，也包括我。中国特色，有正规的，有不正规的，也有不堪入眼的，最后反正富了就行了。本来就没钱，现在已经不错了。

所以，中国特色要有多种观点才行，只有这样，13亿人才能富足起来，城市化才搞得起来，照搬西方的城市化模式是不行的。中国特色实际上有很多特点，像农民新村成了世界先进水平，干涉反而乱套了。当时，我因为有三十多年工作经验，就没掺和这些事，睁只眼闭只眼。我对自己很严格，但对这些东西就

---

[1] 1999年6月23日至29日，国际建筑师协会第20届世界建筑大会在北京召开，在这次会议上，深圳市城市总体规划获得"阿克隆比荣誉提名奖"，大会的评价是："深圳作为一个新兴的城市，在这么短时间内发展这么快，城市规划实施得这么好，是在几代规划师的努力下，将自然环境、城市建设和社会经济发展有机结合起来，既满足了城市人口和经济快速成长的需要，也妥善解决了城市与区域的关系，使深圳保持了良好的持续发展，堪称是快速发展城市的典范。"转引自：赵崇仁．回忆深圳城市总体规划的一些人与事 [R]// 五味集——中国城市规划设计研究院深圳分院二十周年·文集．2004：44．

图 1-21 宋启林先生参加全国城市发展战略思想学术研讨会论文封面（1982 年 9 月）
资料来源：周干峙先生保存的文件资料 [Z].（中国城市规划设计研究院收藏）

图 1-22 向福建省省委书记贾庆林等汇报规划工作的一张留影（1994 年前后）
注：前排（背影）右为贾庆林。正面前排右 2 为宋启林。
资料来源：宋岳提供。

图 1-23 宋启林先生参加清华大学博士学位论文答辩会的留影（1990 年代）
注：吴唯佳（左 1）、吴良镛（左 3）、夏宗玕（右 4）、宋启林（右 3）、毛其智（右 2）。
资料来源：宋岳提供。

没有去管（图 1-21 ~ 图 1-23）。

中国 13 亿人口，如果都按照高标准城市化，是不可能的。想要在 2020 年实现脱贫，就要允许我刚才说的那种方式，反正最后发财了就行了，具体问题不能太考究。现在还有那么多农民，他要稍微好一点就行了，不要一直往上引，因为人的欲望是无止境的，有一部分是要保底的。这就是中国特色，反正够吃饭就行了。

你搞城市规划史研究，我建议你要从中国更古老的城市开始。"筑城以卫君，造廓以守民"，这两句话里面就很有学问，第一句话严格要求按照城市来搞，第二句话意味着老百姓是生活在边边角角的地方。所以，在中国，一开始就把

图 1-24　宋启林先生接受访
谈后留影
注：2016 年 11 月 18 日，广东省深
圳市龙岗区布吉镇敬老院，宋启林
先生房间。

它分成了两个档，而我们最后都把他们变成城市资产阶级了。英国有个观点，说规划师的观点属于中产阶级的观点，就有这方面的问题。如果是从平民的角度来看，很多问题根本就不算问题。

我看你的《八大重点城市规划》一书，写得挺好的。我建议你要放开一点，你需要写中国 13 亿人口的城市规划，这才是世界水平的东西。城市化最后肯定有很多这种情况，2020 年进入小康社会还是要降低标准。

我建议你先把赵瑾给你说的那些话[1]再仔细琢磨琢磨，他讲的东西很有分寸。赵瑾谈的值得好好琢磨，他说自己就很想搞城市规划史，但现在精力不行了。好在他跟你谈了很多想法，也说明他动了脑子，你趁他思路清楚的时候多去找找他，再把他脑子里的东西多挖出来一些，他思考问题也挺深的。

如果中国真的解决了 13 亿人口的城市化问题，这可了不得。现在要奔的目标就是 2050 年的中国城市化，还有三十多年。必须要有这种思想，最后要沉到每家每户去，如果不沉下来的话，那个标准是不行的。你可以想办法把这个问题点出来。我们就是集大成，有高水平也有低水平，不然 13 亿人口城市化都按照一样的标准是不行的。

所以，我觉得你的思路还应该是搞世界水平的感觉，你的思想要放开。深圳特区总体规划就是世界水平。尺度该放宽的就放宽，该严格的就严格，要敞开说。中国古代的城市规划了不起，改革开放以后的这些规划工作也都是有中国特色的（图 1-24）。

访问者：好的宋先生！谢谢您的指导！

（本次谈话结束）

---

① 指《城·事·人——新中国第一代城市规划工作者访谈录》（第二辑）中赵瑾先生的谈话。

2017 年 11 月 18 日谈话

访谈时间：2017 年 11 月 18 日上午

访谈地点：广东省深圳市龙岗区布吉镇敬老院，宋启林先生房间

谈话背景：与宋启林先生于 2016 年 11 月 18 日的谈话稿整理完成后，特别呈送给宋启
　　　　　林先生审阅。2017 年 11 月中旬，访问者赴深圳参加 2017 中国城市规划年会，
　　　　　期间专门拜访了宋启林先生，宋先生应邀与访问者进行了本次谈话。

整 理 者：李浩

整理时间：2017 年 11 月 23 日

审阅情况：经宋启林先生审阅修改，于 2017 年 11 月 30 日定稿

宋启林：我看了你们的整理稿，把我去年跟你谈话的内容全都整理出来了，非常好
　　　　（图 1-25）。我最新的想法就是，搞规划的人，脑子里其实是有很多问题的。
　　　　我今天再重点谈一谈深圳特区规划的两个问题。

一、深圳特区规划的人口规模问题

宋启林：最早开始做深圳特区规划的时候，人口规模也就是一两百万人的思路，那时候
　　　　搞规划，都是控制规模的思想，都不希望把规模搞太大。我们是一点一点不断
　　　　往上加码的，后来就变成了几百万。现在实际上已经有两千多万人。

　　　　最早的时候，我们连搞一两百万人都吓得直哆嗦：一两百万人就了不得了！后
　　　　来，我自己讲要搞到几百万人，其实都不敢拿出去，怕人家笑话。我一直不太

图 1-25　宋启林先生正在对访谈整理稿进行审阅中
注：2017 年 11 月 18 日，广东省深圳市龙岗区布吉镇敬老院，宋启林先生房间。

敢讲，就是吞吞吐吐的。深圳的市领导跟各方面都有直接接触，他们就觉得好像 200 万人打不住，所以他们本身也就没有对 200 万人有什么反感，但当时我们还哆哆嗦嗦的。最后再看，都大大突破了，从各方面的数据可以看出来，后来是越来越放开了。

当年，我们到香港去了一趟，他们搞规划的人瞧不起我们，我一下子就觉得不行：香港有什么了不起？我就想要搞七八百万人，超过香港。当时心里觉得，七八百万人就可以了。后来再变成八九百万人，就没有什么根据了。

后来我自己感觉到，并不是我们放得开，而是老百姓放得开，搞着搞着就成了八九百万人了，最后到两千多万人。是老百姓想怎么搞就怎么搞的，老百姓觉得自己可以再搞加层，不是搞规划的搞的。当年我搞完规划以后，又把全市跑了两三天。通过调查了解，我发现根本就不需要控制，他们想怎么搞就怎么搞。

我后来发现，都是自己搞多少就算多少，上面根本没有人吭声。当年我们有好几次都是自己放的。第一次放开就是铁丝网①。那时候，铁丝网限制了规划人员的思路，也限制了市里的思路。后来，规划突破了铁丝网的范围，思路就开阔了。实际上看，老百姓的思路是千家万户的，没有最后框死的东西。我们搞规划的习惯是最后要有个框死的东西。老百姓没有框，还可以再搞一点，还可以再搞一点，就一次一次地加上去。

我们完全是跟着群众走的，类似的规模是没有的，历次规划搞到多少就是多少，

---

① 1982 年 6 月，深圳特区和非特区之间用铁丝网修筑了一道管理线，称为"二线"。这道线把深圳分为特区内和特区外，俗称"关内"和"关外"，这条管理线就是深圳特区管理线。1985 年 3 月通过国家验收交付使用，全长 84.6 公里，沿线路面用花岗岩石板铺成，路北侧用高达 3 米的铁丝网隔离。特区管理线是深圳经济特区建设的历史见证。

这绝对是农民的创造，所以最后出现了2000多万人。以前，我还不相信深圳有2000万人，我到公安部门去调查户口，也问了各方面的人员，结果就是这个数字。实际上，后来已经没有人管了，城里根本就没有控制指标，农民想自己搞到多少就搞到多少，都是这样的情况。

原来我们都是"有多大规模、不能犯错"的思想，到后来就不用管了。深圳特区的整个范围，看香港怎么干，它就怎么干。这和我的思想是合拍的。香港不是瞧不起我们吗？我们就是要赶超它！在群众中受到的教育就是这样。

二、城市发展与规划控制的问题

宋启林：第二个问题就是我们自己掌握的，控制或不控制的问题。刚才说的问题是最后的规模，上级没有下达过指标，生产队长自己搞成什么样就什么样。最后生产队大概都是这样的：搞大了，自己收获更大。我发现，有很多内地城市，发展与控制问题一直是城市规划工作中最大的难题。而实际的情况，逼着你不言不吭的。我认为，在我们大发展的阶段，不提控制指标还是对的。由群众自己掌握，这样我们就能不犯错误或者少犯错误，这样更符合社会发展、人口发展和城市发展的规律（图1-26 ~ 图1-28）。

还有一个很大的问题，也就是最后怎么处理这些事。对此而言，也就是中国的办法了：睁一只眼闭一只眼。我自己也不知道应该控制到多少，没有控制指标，生产队长想搞到怎么样就怎么样。一般开始就是三四层、五六层，到后来八九层。如果说一下子加到八九层，也加不上去，因为老百姓也没有多少钱。在城市整个发展过程中，他们能搞到什么程度就搞到什么程度。

后来我逐渐悟出这个问题了。下面的人问：该怎么样？经常也不给你说个具体的数。你自己有本事就去搞，这也是中国特色的。中国特色就是下面自己放开。当然，也不能完全放手。

我感到，所谓中国特色，在城市规划上就是这两点：开始哼哼哈哈的；在现实发展中，不说控制，也不说不控制。中国的好多问题都是这样，不说也不行，说清楚了也不行。深圳就是占了这个便宜。现在看起来，这个问题还没有止境。最近，社会上在热议"雄安新区"的规划建设，号称"千年大计"。到现在我都没有琢磨透，过去我们搞过那么多的城市，都没有说"千年大计"的，也就是提所谓"百年大计"。我怎么都想不出来，搞到一千年，最后怎么处理？过去搞城市规划，首先就是搞"人从哪里来"的问题。这个问题我到现在也没有完全想清楚。

访问者：晚辈粗浅理解，可能是期望有一定的长远考虑，能经得起历史的检验：一千年

图 1-26　宋启林先
生正在作学术报告
（1990 年代）
资料来源：宋岳提供。

图 1-27　北海湄洲
岛风景旅游区规划现
场踏勘留影（1994 年
3 月 16 日）
注：左 1 为宋启林。
资料来源：宋岳提供。

图 1-28　北海湄洲
岛风景旅游区规划现
场踏勘留影（1994 年
3 月 16 日）
注：左 1 为宋启林。
资料来源：宋岳提供。

都不会落后。可能是这个意思。

宋启林：有可能是这样。这个事最好不要封口子，还是要有中国特色。一千年以后究竟如何？我们也是看不着了。

未来中国人口会怎么增加？我搞不清楚。现在，国家已经开始控制人口了，每个省市自己都在想办法多搞一点，深圳的人口规模进一步增加的可能性还是很大的，因为没有谁来管他。这个问题，要想找出理论工具来，恐怕也是找不出来的：什么时候人口就控制到头了？现在也限制不了，我不知道何去何从。估计深圳还有可能，因为深圳没有止境，上面没有谁管它，深圳的人口没有限制，只要你能进来就进来。

为什么我跟你说这个问题？现在城市规划工作的问题，经常就是看你敢不敢敞开。我看好多搞研究的人和实际工作的人，现在还在想突破深圳。因为香港已经没有太大突破的可能性了，澳门也没有什么可突破的，只有深圳还有机会，珠江西岸基本上还没有怎么动。

三、关于湖北十堰的城市规划与建设

访问者：宋先生，晚辈这次过来拜访您，还想请您讲讲十堰。在新中国的城市规划建设发展史中，十堰是一个很独特的案例。您曾经主持过十堰城市总体规划修编工作，对它有何认识和评价？

宋启林：主要是大框框的问题。就像深圳，后来不断地完善和加码。十堰是以前在搞"三线"建设的时候逐步发展起来的，好像是有二十多个点，一个厂子一个点（图1-29、图1-30）。当初在搞十堰规划的时候，我们本来也想"大展宏图"的，想把十堰的规模搞得比较大一点。但是，我们做过的所有地方，只有深圳是"龙头"，后来就没有止境了。

十堰跟深圳不一样，深圳是没有局限的，但十堰一共就二十多个点，就那么大地方，很难搞出大名堂。我搞了很多城市，没有像深圳这样的，没止境似的。

访问者：从历史回顾的角度看，当年的"三线"建设，把"二汽"（第二汽车制造厂）选在十堰建厂，在那么一个个山沟沟里搞出来一个工厂城市，您觉得是个错误吗？十堰的城市建设发展，教训更多一些？还是经验更多一些？

宋启林：这个问题，牵扯到很多当事人，要看当时的具体情况。中国有好多事情是做不了结论的，这样做有理，那样做也有理，有很多事情只能是糊涂案。

访问者：您个人的评价呢？

宋启林：看起来没有太大的发展前景，因为环境太琐碎了，不太好规划和发展。照我看很难有大发展。另外，工厂的那些人现在也都没有当年的那个劲头儿了。估计

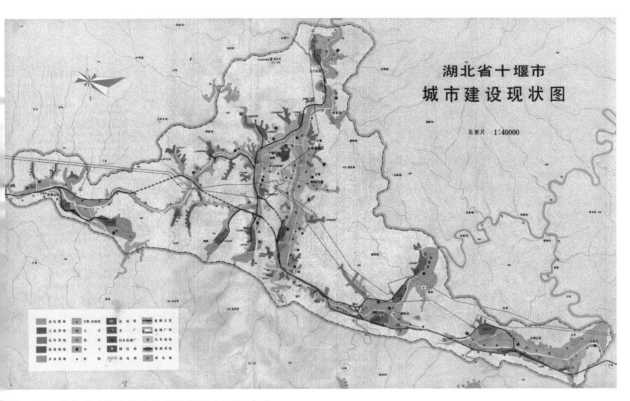

图 1-29 湖北省十堰市城市建设现状图（1981 年）
资料来源：湖北省十堰市人民政府.十堰市城市规划（1981 年）[Z].（中国城市规划设计研究院档案室，案卷号：1872：8）

图 1-30 湖北省十堰市城市总体规划图（1981 年版）
资料来源：湖北省十堰市人民政府.十堰市城市规划（1981 年）[Z].（中国城市规划设计研究院档案室，案卷号：1872：12）

宋启林先生访谈　　│031│

No: 7－2

湖北省十堰市

城市总体规划修订

说明书（Ⅱ）

CAUPD

中国城市规划设计研究院

十堰市规划局

一九八九年四月

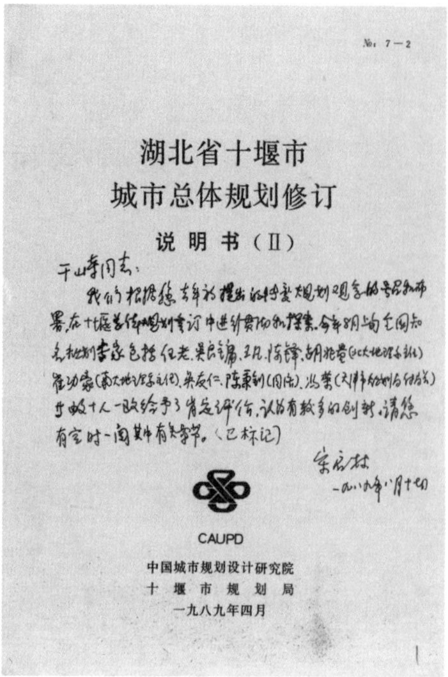

图 1–31　宋启林先生主持湖北省十堰市城市总体规划修订说明书封面（1989 年 4 月）

注：宋启林先生于1989年8月17日赠送给周干峙先生的材料。

资料来源：周干峙先生保存的文件资料[Z].（中国城市规划设计研究院收藏）

起不来了，没有后劲儿了。十堰的建设是一种分散的思路，要集成起来很难。每个点都有自己的打算，一到整合的时候就整合不起来了。

为什么深圳能不断地发展？就在这个地方的空间无限。到现在，深圳还在“招兵买马”，深圳还没有发展到头。看起来，十堰似乎已经到头了。

在中国，还有一个问题：天时、地利、人和。十堰的地理条件有局限，深圳则是一个窗口。我研究过好多城市，不少城市到最后一蹶不振，其中有成长的局限性，主要就是天时、地利、人和。当初我在深圳的时候，跟深圳的市长打交道，他们都很有后劲儿。十堰看起来不一定是这样。你可以继续研究。

访问者：十堰城市总体规划修编工作（图 1–31），您是在 1987—1988 年去的吧？

宋启林：1988 年。

访问者：当时在规划工作当中，有没有一些重要的问题或者说是难题？

宋启林：我去的时候，十堰的那个摊子已经有点散劲儿了，不是集中的劲儿了。

访问者：在规划论证的过程当中，当时有没有一些争议性问题？

宋启林：我提出异议了。我一看，这个劲头不行：厂子一摊，市里一摊，两个摊子就很难收拾了。我看也没有人在这方面再下功夫了。在这种情况下，再下功夫也是白搭，自己内部没有内生聚集的动力。

一旦看城市看多了、看久了，就是这个问题。像我，90 岁了，就看明白了。城市的发展需要有天时、地利、人和，十堰没有地利，“天时”已经过去了，还

可以发展的时候没有实现大发展，自己的思想分散了。还要有"人和"，没有"人和"也不行。

按理说，十堰其实还是可以做做文章的，其中一个问题就是：十堰的发展，极限到什么程度？可是，到我这个年龄，已经没有什么拼的劲头了。

天时、地利、人和是中国特色，缺一不可。我看《三国演义》，曹家出来的时间也很有限，曹家的人到后来没有后劲儿了，"人和"差了。天时、地利、人和，再怎么都跳不出这个圈子，特别是"人和"，到后来很难。

四、1950年代在国家建委/国家计委工作的一些记忆

访问者：宋先生，早年您曾在国家建委和国家计委工作过挺长一段时间，当时在国家建委和国家计委也有一些与城市规划工作密切相关的重要人物，像曹言行，据说1957年的"反四过"主要是他提出的。到1960年11月，国务院副总理兼国家计委主任李富春宣布"三年不搞城市规划"，这都是对城市规划发展影响深远的一些重要决策，这方面的情况您了解吗？

宋启林：我了解。曹言行是很赏识我的，这个人很耿直，他是1935年从清华大学毕业的，挺有能耐。

访问者：他先是在北京市工作，后来又到国家计委？

宋启林：是这样的。

访问者：1957年他为什么要提"反四过"？当时提"反四过"，您觉得是对还是错？

宋启林："反四过"本身就是错的。

访问者：后来到1960年，李富春为什么又提出"三年不搞城市规划"？您清楚吗？

宋启林：这个就搞不清楚了。曹言行不是特别大的主事人，只是国家计委的委员而已。

访问者：李富春呢？

宋启林：他当然是主事人。人都有大环境和小环境，个人的机遇。"三年不搞城市规划"主要是李富春的决策，那也没办法。

那时候，国家计委有一次开党组会，我参加了，我记得曹言行在会上唱了半个主角，他在一个问题上没有妥协。再后来，曹言行就不行了。

"反四过"这个事情，是谁跟你说的，是你自己看材料发现的吗？

访问者：这是赵瑾先生告诉我的，他的工作日记上有记载。

宋启林：赵瑾脑子里有东西，他接触这些人和事。赵瑾一直到现在都比较谨慎。以前，有些人的思路就是"放大炮"，整个大环境。曹言行是很赏识我的，赵瑾可能知道。

访问者：曹言行先生的工作作风如何？

图 1-32　拜访宋启林先生留影
注：2017 年 11 月 18 日，深圳市龙岗区布吉镇敬老院，宋启林先生房间。

宋启林：挺好的。这个人很实在，很老实，他是山东人。

访问者：曹言行先生喜欢"放大炮"吗？

宋启林：他经常说很实在的话，但不说过头的话。

访问者：当年还有"九六之争"，您还记得吗？

宋启林：那就更早了。那时候没有经验，都希望搞的大一点，多一点。

访问者：国家计委这边是主张面积稍小一点。

宋启林：主张"六"（人均居住面积 6m²）。"九"（人均居住面积 9m²）可能不太行。那时候谁都没有经验，谁都希望搞得大，账算不清楚了。这个问题，没有牵扯到谁的是非，最后基本上是李富春承担了责任。

访问者：李富春副总理在 1960 年提出来"三年不搞城市规划"？

宋启林：那是他提出来的。

访问者：您对这个问题怎么看，是对的还是错的？

宋启林：这个是错的。但是，他也没有那么大的肩膀。

访问者：李富春副总理为什么要提出"三年不搞城市规划"？

宋启林：那时候，整个社会的思想就是"九、六"的大环境，连中央领导也都是那个思想，别的人根本没法开口了。下面出主意的人，像曹言行，他们这样的人是有责任，但是，责任应该说是很轻的，也就是作为历史教训应该汲取的。
1958 年的那种劲头，谁也摆脱不了。那时候大家都希望搞得大，搞得快，就是这么一个劲头。这个责任最后该归谁呢（图 1-32）？

访问者：您说的对。谢谢您的指教！

（本次谈话结束）

魏士衡先生访谈

我干了几十年规划，听见这些话，实在有点让人感到刺心，规划居然不是科学？！搞了几十年规划，来这么一句话就否定了它。我们院里面还有这种人：规划是什么？就是画图。我跟他们讨论的时候，他们挖苦我：你是经济学派。城市本身如果没有经济活动，还会有生命力吗？不去搞经济上的分析、调查、研究，能知道城市的动力是什么吗？推动一个城市发展的运转，究竟靠的是什么力量？所以说，城市规划不只是画图而已。

（拍摄于 1990 年代①）

魏士衡

专家简历

魏士衡（1930.1.18—2016.9.26），河南唐河人。

1949—1952 年，在上海复旦大学园艺系学习，1952 年院系调整后在沈阳农学院园艺系学习。

1953 年 7 月毕业后，分配至建筑工程部城市建设局工作。

1954—1962 年，在城市设计院／城市规划研究院工作。

1962—1965 年，在安徽阜阳地委锻炼，参加恢复农业生产及"四清"工作。

1965 年 8 月调回北京，在国家建委施工局工作。

1969—1971 年，在江西清江国家建委"五七干校"劳动。

1971—1978 年，在陕西第二水泥厂筹建处、陕西耀县水泥厂、陕西省建材局等工作。

1978—1982 年，在国家城建总局城市规划设计研究所工作，任园林规划室负责人。

1982 年起，在中国城市规划设计研究院工作，曾任城市规划历史及理论研究所副所长。

1992 年退休。

---

① 本页照片整理自沈远翔先生提供的照片，魏士衡先生的签名取自魏先生手稿。

2015 年 10 月 9 日谈话

访谈时间：2015 年 10 月 9 日上午

访谈地点：北京市海淀区厂洼街 1 号院，魏士衡先生家中

谈话背景：《八大重点城市规划》书稿（草稿）完成后，于 2015 年 9 月 24 日呈送魏士
衡先生。魏先生阅读书稿后，与访问者进行了本次谈话。

整理时间：2015 年 12 月底至 2016 年 1 月，于 2016 年 1 月 19 日完成初稿

整理者：李浩

审定情况：经魏士衡先生审阅修改，于 2016 年 2 月 23 日定稿

魏士衡：咱俩是河南老乡啊，我是唐河的。

李　浩（下文以"访问者"代称）：哎呀，我还不知道呢，我是方城的，这么说晚辈跟
您还是同一个市的呢，都是南阳人。您的身体挺好[1]。

魏士衡：我眼睛不好，看上十来分钟就得休息一下，不能一直看，所以对你的大作粗粗
翻了一下，很好！确实收获不小。咱们在这里讲，不会说瞎话。在现在的这种
状况下，社会风气比较浮躁，像你这样能够钻研，收集这么多档案材料，下这
么大功夫，很难得。这点我应该向你学习，这是说实话。

　　我看了你的书稿以后，觉得让我重温了一下 1950 年代的这些事情，有好多信

---

[1] 这次拜访魏先生，到达魏先生楼下时，因为不知道怎么操作来打开单元门，结果惊动到魏先生亲自走 4 层楼梯下
楼开门，对此，晚辈感到很是抱歉——李浩注。

图 2-1　魏士衡先生的一张留影（1980 年代）
资料来源：中国城市规划设计研究院风景分院提供。

息以前我还并不知道。这一点你可能会不理解，当时城市设计院的工作是保密的，各组之间互不来往，互不交流，我搞这个城市，你搞那个城市。那个时候，究竟有哪几个人搞，谁都不大清楚，互相不串的。所以有好多内容，我是从你这本书稿上才知道的，这是很特殊的情况。

访问者：您这么讲我就明白了。我查档案，您主要是参与了西安和洛阳的规划，对吧？

魏士衡："一五"期间主要就是这两个城市，后来还有一些别的城市（图 2-1）。

访问者：对。当时除了八大重点城市以外，还有好多城市也开展了规划工作。

魏士衡：其实我在西安也就搞了 100 天。因为我领生活补助是 60 元钱，所以记得很清楚，那是在 1953 年。我是从复旦[①]毕业的，学园林的，1953 年参加工作。

访问者：您那一届的同学，当时是不是提前毕业的呢？

魏士衡：不是，正常毕业。我是 1949 年入学的。你有什么问题想问的？我回答你。

---

① 指复旦大学农学院。该院是在抗日战争期间的艰苦条件下于重庆后方 1938 年开始创建的，先是设垦殖专修科，后有农艺系、园艺系。1946 年随校迁沪，1952 年随院系调整，复旦大学农学院搬迁沈阳，成立沈阳农学院；茶叶专修科则合并到安徽大学农学院。参见：朱丕荣. 富有凝聚力的农学院校友 [N/OL]. 复旦大学新闻文化网，2005-03-16[2015-12-29]. http://news.fudan.edu.cn/2005/0316/4868.html.

访问者：主要想向您请教几个方面的内容。首先，您看材料里面有没有一些错误或者不合适的提法？如果有什么问题，我好好修改。

魏士衡：这点我说不出来，你梳理得很细，论点很明确，论据很充足，这很好，因为我看了好多别人写的东西，像你这样的确实做到了起码的通顺，这点别人做不到。这也就是你说的"雅"①。

访问者：第二个方面，我们国家的城市规划工作大致是从 1953 年才开始全面推进的，您是 1953 年毕业从事这个行业，一直到今天，可以说见证了新中国城市规划发展的整个历程。能否请您讲当年工作中的一些故事？留点回忆。如果今天一次谈不完，今后我还可以经常来听您讲。

一、参加工作之初

魏士衡：从我上大学到毕业，从来就没听说过什么是"城市规划"，不知道有城市规划这项工作。我是搞园林的，脑子里面只想到一些小的东西，至于城市是什么问题，脑子里没有什么概念。我到北京时，当时城建局的局长是孙敬文，副局长是贾震，规划处处长是史克宁、高峰，科长是万列风、冯良友。我们开始上班以后，一听说要搞城市规划，就都懵了，因为从来没听说过这个名词。

访问者：您在学校的时候，听说过"都市计划"吗？

魏士衡：没有。我参加工作的时候，还没有多少人，办公室里坐的也就几个人。我们的办公室连张桌子都没有，中间就摆一个乒乓球案子。我们同班同学来了 4 个人，包括陆时协、徐钜洲，还有一个同学于忠玉，后来调到上海去了。几个人围着乒乓球案子坐着，不知道干什么。

当时管后勤的一位同志叫齐婉云，她给我们每人发了一个保密本和一支笔，然后有一个打印的文件，两三片纸，印的是 1932 年苏联一个计划会议上卡冈诺维奇②的一段讲话。其实重要的内容也就两句话：什么叫城市规划？城市规划就是国民经济计划的继续和具体化。当时我们这几个人，还都只是刚毕业的学

---

① 在《八大重点城市规划》书稿前言中，作者曾提出该项研究工作的三个基本定位，其中之一为"注意研究成果的文字组织，在'信''达'的基础上努力向'雅'的目标迈进，也就是提高书稿的可读性"。

② 拉扎尔·莫伊谢耶维奇·卡冈诺维奇（Лáзарь Моисéевич Каганóвич，1893.11.22—1991.7.13），出生在俄国基辅省卡巴纳村一个贫苦犹太人家庭，十月革命期间任俄罗斯苏维埃社会主义联邦共和国全俄执委会委员，1925—1928 年任乌克兰共产党中央委员会第一书记，1930 年初任莫斯科市委第一书记和中央政治局委员，领导了莫斯科的住宅建设、地铁工程等重大市政建设，在城市建设方面具有丰富的实践经验。1934 年 7 月，卡冈诺维奇曾在莫斯科市苏维埃全体会议上作了《关于莫斯科地铁建设和城市规划》的报告。1957 年 6 月，卡冈诺维奇同莫洛托夫、马林科夫、布尔加宁等试图解除赫鲁晓夫的领导职务，被定为"反党集团"成员而开除出主席团和中央委员会。

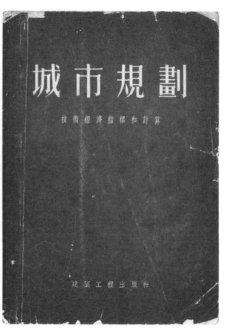

图 2-2　列甫琴柯的名著《城市规划》
注：左侧为刘宗唐翻译的原著 1947 年版（时代出版社出版），右侧为岜文彬翻译的 1952 年修订版（建筑工程出版社出版）。

生，什么也不懂，也不敢四处活动，就老老实实地坐在那儿看这个材料，坐在那儿也没人说话，这种状况差不多有一个星期。你说一个星期就看这两句话，够呛。后来大概过了一个星期，又发材料了，苏联有一个叫列甫琴柯的人写的一本《城市规划》[1]，油印的，我们接着学习这个材料。

访问者：这本书有两个俄文版本，1947 年的原著和 1952 年的修订版，被翻译成中文，在我们国家正式出版的时间分别是 1953 年和 1954 年（图 2-2）。

魏士衡：这里面还有一个故事，就是说当时为什么叫"规划"，据说是当年在翻译俄文时，感觉"计划"是一个资本主义国家的说法，我们解放了，不能用这个词，于是想出了"规划"这个词。倒也不是当时提出来的新名词，至少在我看到过的历史书里，长安城很早就叫"规画"了。

访问者：但是它是画图的画，"规画"。

魏士衡：这是肯定的。我看过一些有关"规画"的文献记载，后来写了一篇《天人感应思想与中国古代都邑规画》的文章，我用的就是规画这个词（图 2-3）。

　　当时我们拿到《城市规划》这本书以后，才知道有城市规划这项工作，书里面有好多指标，我们就记这些内容。这时候我才感觉到，我们在学校里学的东西，

——————————

① 指《城市规划：技术经济指标和计算》一书。

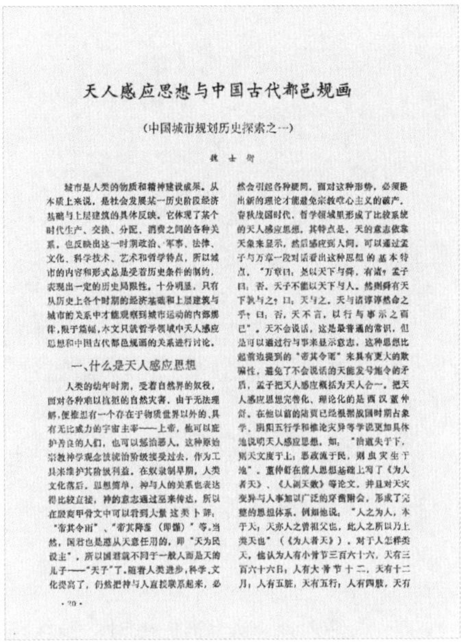

天人感应思想与中国古代都邑规画

(中国城市规划历史探索之一)

魏 士 衡

城市是人类的物质和精神建设成果。从本质上来说，是社会发展某一历史阶段经济基础与上层建筑的具体反映。它体现了某个时代生产、交换、分配、消费之间的各种关系，也反映出这一时期政治、军事、法律、文化、科学技术、艺术和哲学特点，所以城市的内容和形式总是受着历史条件的制约，表现出一定的历史局限性。十分明显，只有从历史上各个时期的经济基础和上层建筑与城市的关系中才能观察到城市运动的内部规律，限于篇幅，本文只就哲学领域中天人感应思想和中国古代都邑规画的关系进行讨论。

一、什么是天人感应思想

人类的幼年时期，受着自然界的奴役，面对各种难以抗拒的自然灾害，由于无法理解，便推想有一个存在于物质世界以外的、具有无比威力的宇宙主宰——上帝，他可以庇护善良的人们，也可以惩治恶人。这种原始宗教神学观念被统治阶级接受过去，作为工具来维护其阶级利益。在奴隶制早期，人类文化落后，思想简单，神与人的关系也表达得比较直接，神的意志通过巫来传达，所以在殷商甲骨文中可以看到大量这类卜辞："帝其令雨"、"帝其降堇（即馑）"等。当然，国君也是遵从天意任用的，即"天为民设主"，所以国君就不同于一般人而是天的儿子——"天子"了。随着人类进步，科学、文化提高了，仍然把神与人直接联系起来，必然会引起各种疑问，面对这种形势，必须提出新的理论才能避免宗教唯心主义的破产。春秋战国时代，哲学领域里形成了比较系统的天人感应思想，其特点是，天的意志依靠天象来显示，然后感应到人间。可以通过孟子与万章一段对话看出这种思想的基本特点。"万章曰：尧以天下与舜，有诸？孟子曰：否。天子不能以天下与人。然则舜有天下孰与之？曰：天与之。天与之者谆谆然命之乎？曰：否，天不言，以行与事示之而已"。天不会说话，这是最普通的常识，但是可以通过行与事来显示意志，这种思想比起前边提到的"帝其令雨"来具有更大的欺骗性，避免了不会说话的天能发号施令的矛盾，孟子把天人感应概括为天人合一。把天人感应思想完善化、理论化的是西汉董仲舒。在他以前的陆贾已经根据战国时期占象学、阴阳五行学和谶纬灾异等学说更加具体地说明天人感应思想。如："治道失于下，则天文度于上；恶政流于民，则虫灾生于地"。董仲舒在前人思想基础上写了《为人者天》、《人副天数》等论文，并且对天灾变异与人事加以广泛的穿凿附会，形成了完整的思想体系。例如他说："人之为人，本于天，天亦人之曾祖父也，此人之所以乃上类天也"（《为人者天》）。对于人怎样类天，他认为人有小骨节三百六十六，天有三百六十六日，人有大骨节十二，天有十二月，人有五脏，天有五行，人有四肢，天有

· 20 ·

图 2-3　魏士衡先生论文《天人感应思想与中国古代都邑规画》首页
注：《城市规划研究》1984 年第 3 期。

真正有用的实在很少。于是我就看书，到街上去买书，等于从头学习。然后又过了有个把月，就要出发去西安了。

二、第一次参与西安规划工作

魏士衡：在我印象中，去西安一共是 28 个人。根据苏联规划工作的要求，需要各种人才。这 28 个人中，我们 4 个同班同学是搞园林的；有 3 个人是搞雕塑的，其中有秦宗彝、关玉璋，还有 1 个姓韦的，名字记不清了，是广西来的；然后有同济大学的张友良、胡开华，有天津大学搞给排水的郝锐、张家武、王仲民，还有郭云峰、线续生，等等。一共有 28 个人，我们一起到了西安。这时候我才看到了规划图。当时西安的总图已经有了。我们参加画图，在图纸上涂颜色，我这才知道规划工作具体是做什么的（图 2–4）。

开始工作就是干西安规划的这么一段，我是 1953 年底回到北京的。原来城建局是在灯市东口，后来搬到了灯市西口（图 2–5），靠近王府井一带。过了春节，1954 年初，我就被调到了洛阳组。

三、关于洛阳规划工作的回忆

魏士衡：在洛阳组中，搞园林的就我 1 个人，另外还有张家武、王仲民 2 个人是搞给水排水的，加上原来就有的 3 个人——刘学海带着刘茂楚和许保春，这样一共就

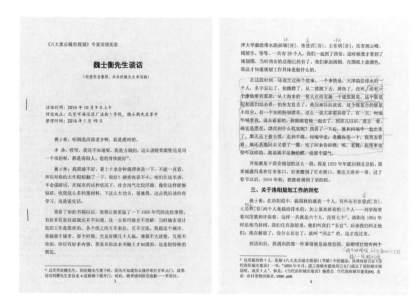

图 2-4　魏士衡先生对访谈整理稿的审阅修改文件
注：左图为访谈整理稿的首页，右图为第 5 页。在《八大重点城市规划》老专家访谈过程中，访问者于 2015 年 12 月率先对魏士衡先生的谈话加以整理，但当时尚未考虑到谈话前应该有一个简短的专家简历，因而左图中缺少该部分内容。

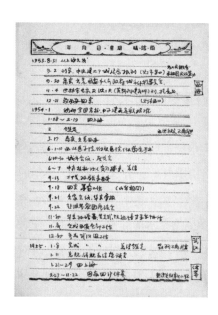

图 2-5　张友良先生日记中关于参加西安规划的记录页
注：张友良先生的日记显示，1953 年秋季的一批规划人员"离京出差西安市人民政府城市计划委员会"的时间为 9 月 20 日，"离西安回京"的时间为 12 月 21 日，出差时间大约 100 天左右（含旅途时间）。另外，张友良先生 1953 年 9 月 2 日到北京在建工部建局报到的地点为"灯市东口"，12 月回京时的地点已变为"灯市西口"。魏士衡先生的有关口述与张友良先生日记的相关记录形成了互为印证的关系。
资料来源：张友良提供。

是 6 个人，没有 7 个[①]。洛阳在 1954 年时还相当封闭，我们住在旅馆里，他们叫我们"长官"，后来我们纠正他们：现在解放了，没什么长官了，就叫"同志"吧。这才改过来。

[①] 这里提到的 7 人，是指《八大重点城市规划》（草稿）中的提法，该项内容引自《当代洛阳城市建设》一书："1953 年 9 月，建工部城市建设局已专门成立了洛阳城市规划组，成员 7 人"。参见：《当代洛阳城市建设》编委会. 当代洛阳城市建设 [M]. 北京：农村读物出版社，1990：68.

到洛阳后，我遇到的第一件事情就是画规划图。我去的时候，刘学海他们已经搞了一张规划图，去给巴拉金汇报过几次，巴拉金都不满意，他说了一句非常不客气的话："学生气"，也就是幼稚。后来刘学海让我们都参与，每个人搞一个方案。列甫琴柯那本《城市规划》，我看得比较仔细，看过好多遍，我记得书中讲到过一个原则，也就是干道的间距一般在 800 米左右。我看了看前期画的那张规划图纸，最大的问题可能就在路网方面，也就是画方格，跟棋盘似的，不到 500 米一条干道，一样的干道一共有 4 条。后来在我画图的时候，我拿掉了一条干道，间距扩大，整个布局就活了。当时我也画出了一个方案。何瑞华搞的方案，我不知道她是在什么时候画的，参加汇报时她也没去。

最后的一次汇报，我们把方案都拿出来，专家看中了两个方案，一个是何瑞华的，另外一个就是我的，专家觉得都挺好。何瑞华的方案和我的方案，比较一致的地方，就在于都是 3 条路。最后采纳了何瑞华的方案。她的方案有一个地方是圆的，我的方案是根据地形采取自由曲线的，从图面看不如圆的好看，主要是这方面的差异。最后采纳的是她的方案。洛阳的规划方案就这么确定了（图 2-6 ~ 图 2-8）。

后来很有意思，洛阳规划的方案搞出来以后，有大量的人参加进来。这时候清华大学也来了，梁思成带着朱自煊、吴焕家等几个人，也到这个组里来了。

访问者：哦，他们也参加了？这个情况在查档案时还没查到过。他们大概是 1954 年几月份加入的？

魏士衡：夏天。天热，我中午还睡午觉，坐在椅子上就睡着了。很有意思的是，梁思成来了以后，他看了这个方案，对画圆的那部分不太满意，又反过来了，变成自由曲线了，基本上回到了我的这个方案上来。后来又拿去给巴拉金汇报，巴拉金很不客气，他说：应该越改越好，怎么越改越倒回去了？梁思成也讨了个没趣，他就走了，再也没来。后来就留下了朱自煊他们几个人。

访问者：您说的圆的方案和曲线的方案，大概是在哪个位置？因为我看到后来的图也都是直线的。

魏士衡：就是这张图，书稿（草稿）中第 304 页，在涧西区最南部的这一块（图 2-9）。后来的规划图实际上没有用圆的方案。

访问者：1956 年的涧东区、涧西区总体规划图，也是直线的（图 2-10）。

魏士衡：主要就是这方面的区别。

访问者：去年我去找万列风书记请教的时候，他提到过洛阳规划组，程世抚先生和您是洛阳组的小组长。

魏士衡：我不是组长或副组长。

访问者：您谦虚了。最起码可以讲，您是发挥了骨干作用。

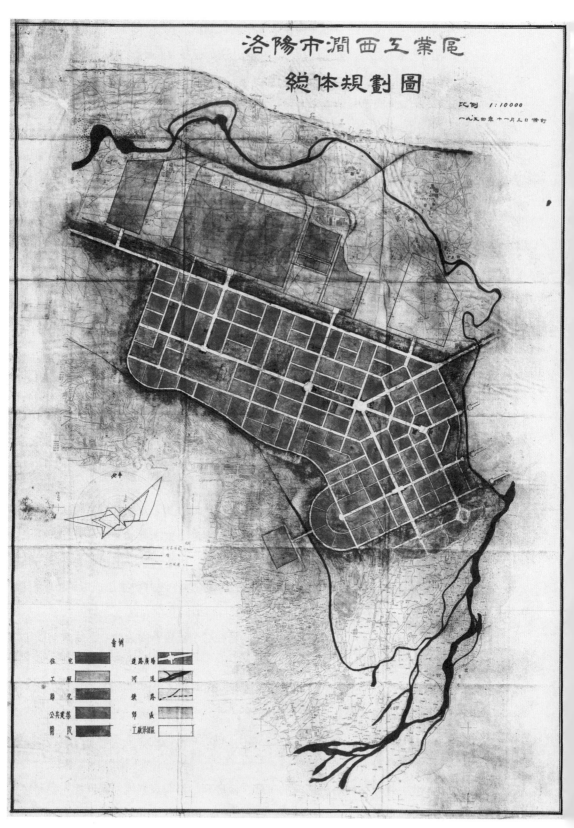

图 2-6　洛阳市涧西工业区总体规划图（1954 年 11 月 3 日，提交国家建委审查方案）
资料来源：洛阳市规划局档案室。

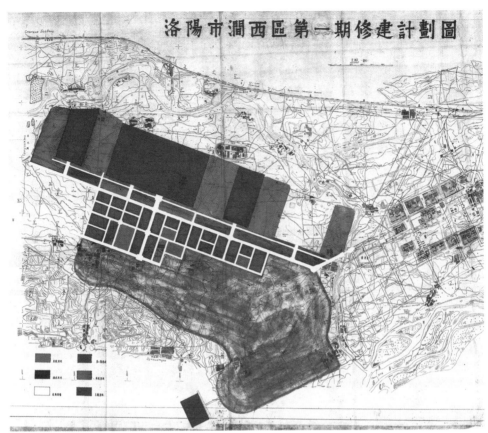

图 2-7 洛阳
市涧西区第一
期修建计划图
（1954 年）
资料来源：洛
阳市规划局档
案室。

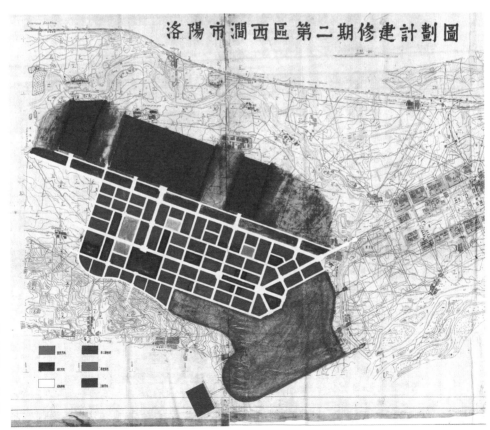

图 2-8 洛阳
市涧西区第二
期修建计划图
（1954 年）
资料来源：洛
阳市规划局档
案室。

图 2-9 洛阳市规划草图（1954 年）

注：图中部分文字为整理者所加。

资料来源：洛阳市城市规划委员会.洛阳市城市规划基础资料汇编（1981 年 9 月）[Z].（中国城市规
划设计研究院档案室，案卷号：1371：116）

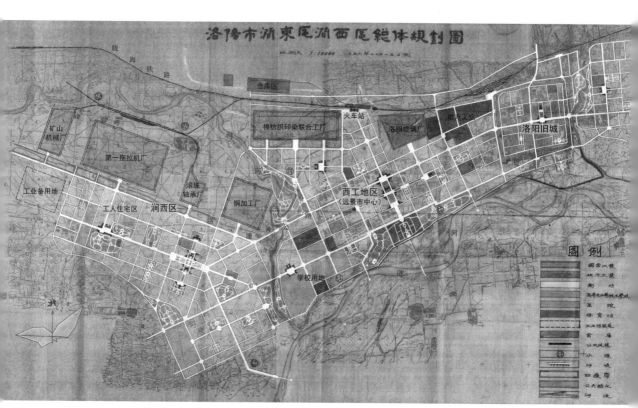

图 2-10　洛阳市涧东区、涧西区总体规划图（1956 年）

注：图中部分文字为整理者所加。

资料来源：洛阳市城市建设委员会.洛阳市涧东区、涧西区总体规划图[Z].（中国城市规划设计研究院档案室，案卷
号：0836）

魏士衡：我七下洛阳。那时候程世抚已经来了，他来的时候好像是 1954 年秋天。这时候开始调外地的人来。上海市市政工程局来的有程世抚，和其他一批人。另外还有几个人，名字记不清了。因为在这些人中，有的搞了一阵工作后，就又回上海去了。

访问者：还有天津的谭璟。

魏士衡：他没到洛阳。还有广州来的，一个姓雷的，一个姓陈的，另外还有两个年轻人，一共四个人。其实我印象比较深的并不是这些人，而是王凡[①]。

王凡是从苏联留学回来的。我们真正要说建立基础的话，是王凡带着我们这批人干洛阳规划，从总体规划一直到详细规划，再具体到竖向设计，都是王凡带着我们搞的。那时候不叫小区，叫街坊，街坊里面土地要平整，土方平衡，他就带着我们搞这个，包括坐标、标高、建筑的布局，从这些工作开始干起。

我们第一步的规划工作做到了什么程度呢？我跟黄士珂两个人，还搞过一个公园设计和防护林带的设计，自己背着一个小平板去测量地形。做得非常细，从总图一直到详细设计（图 2-11、图 2-12）。所以真正对城市规划打下基础的，工作做得比较细的，就是洛阳规划，培养了一大批人。

访问者：好像洛阳的技术力量也是最雄厚的。在八大城市中，洛阳为什么会比较特殊呢？

魏士衡：我也弄不清楚为什么把这个地方作为重点。

访问者：按道理，在八大城市里面，从项目的重要性来说，它的一些项目肯定没有包钢重要；从项目的数量来说，也没有西安、太原的数量多；从城市规模来看，洛阳涧西区规划人口只有十几万人，别的都是几十万人，有的上百万人；但是在专业技术力量方面，洛阳的工种却最全，工程师数量最多。

魏士衡：可能是我们的任务比较简单，也比较早，所以有那么多人都集中在一起。

四、洛阳涧西区和旧城的情况

魏士衡：开头一段时间，我们还住在旧城里，离涧西区相当远，去一趟很不容易。等我们搞这些详细规划工作的时候，涧西区已经开始搞临时建筑了。在那儿还出过一个事，上海那批人，我跟他们一起在那儿，晚上在宿舍睡觉，下暴雨，突然地陷下去了，床掉进去了，下面是古墓。

访问者：出了什么事故没有？

魏士衡：没事，就是床掉下去了。第二天早上起来一看，发现下面有个墓道。搞建筑的

---

① 王凡，1978 年担任国家城建总局城市规划局副局长，1982 年任城乡建设环境保护部城市规划局局长。

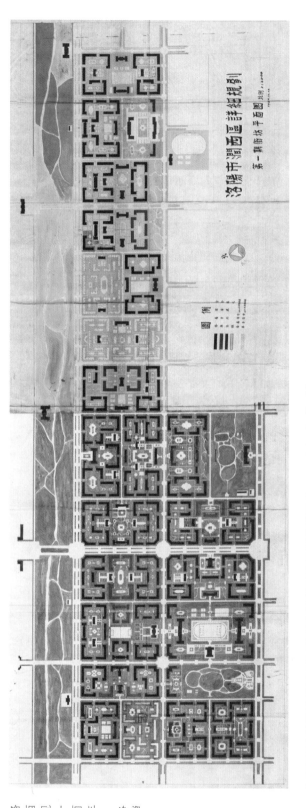

图 2-11 洛阳市涧西区详细规划——第一期街坊平面图（1954年11月12日）
资料来源：洛阳市规划局档案室。

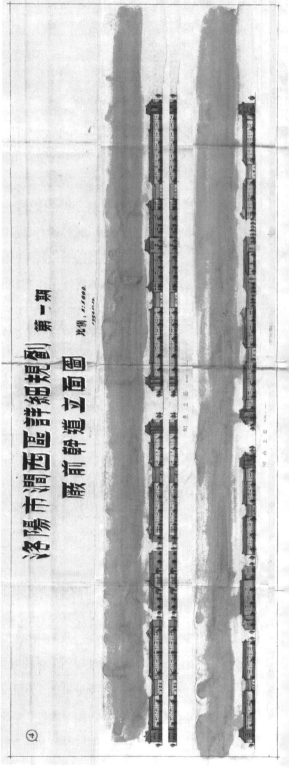

图 2-12 洛阳市涧西区详细规划——第一期厂前干道立面图（1954年11月12日）
资料来源：洛阳市规划局档案室。

人偷工减料，实际上他已经知道里面有墓道，没给填上，垒墙的时候本来墙应该砌下去的。结果到那儿"发券"[①]，外头土松，水灌下去了。

访问者：您说的这个宿舍，是临时建筑还是老房子？

魏士衡：也不算临时建筑，就是那时候搞的一些没有安排在规划里面的建筑。

访问者：这个地方是在旧城还是涧西新区？

魏士衡：新区。一平方米打一个洞，我们还钻进去看过。里面还有东西在那儿摆着，有一些陶瓷的盆罐。当时我们也不知道那是文物，看看就得了。

访问者：那时候盗墓的多吗？

魏士衡：洛阳盗墓的最多了，钻探的那个"洛阳铲"，可以打到 11 米深。

访问者：当时洛阳的旧城是一个什么状况？

魏士衡：没有城墙，破破烂烂，没有一栋新建筑。

访问者：有没有一些重要的文物建筑，比如城楼等？

魏士衡：没有。我们在那儿时，也没听说过有什么风景名胜的。洛阳的古迹不在城里，就外围还有一点。虽说是古都，但没有什么遗迹了，也就关羽葬在那儿[②]。如果非要说有，也是在洛河以南了。旧城附近大部分都是古墓，洛阳的墓很多。我们当时的工作主要是在涧西区，一片平原，非常平坦。为了勘察地下有没有古墓什么的，就特别请了一批探墓的人，一平方米一个钻井，上面钻好了以后，在平面上划出来墓的方位，可以看出地下有好多墓。这方面的问题要处理好，不然的话，将来搞建筑没法弄。所以洛阳就有这样一个特殊情况（图 2-13）。

访问者：对于洛阳的规划，郑振铎先生起到了什么关键性的作用吗？

魏士衡：没听说过。

访问者：因为有一些文献，在讲到洛阳模式的时候，说是郑振铎先生提出来要保护西工地区那一片[③]。

魏士衡：我们当时知道这个事，但不知道是谁说的。因为地下没有发掘，所以不敢动。

访问者：听说还有一个原因，就是它是军事用地，不好占。这也是一个因素吗？

魏士衡：那里原来就有一个军用机场。所以当时规划的时候，西工这个地区基本上没理它，但也有道路通过。对旧城就更没有考虑。

---

① 通常指隧道和桥梁等的施工，为保证整体强度，在设计时通常要求在隧道顶底部衬砌一定厚度的混凝土，也叫仰拱。另外，利用块料之间的侧压力建成跨空的承重结构的砌筑方法，也称"发券"。

② 关羽墓，安葬关羽首级的地方，前为祠庙，后为墓冢，位于洛阳市老城南 7 公里的关林镇。

③ 时任文化部社会文化事业管理局局长的郑振铎先生指出："你们要在洛阳涧河河东边建工厂是不行的，郭老（郭沫若）也不会同意，因为在那里，地下有周王城的遗迹，是无价之宝"。参见：杨茹萍 等．"洛阳模式"述评：城市规划与大遗址保护的经验与教训 [J]. 建筑学报，2006(12): 30-33.

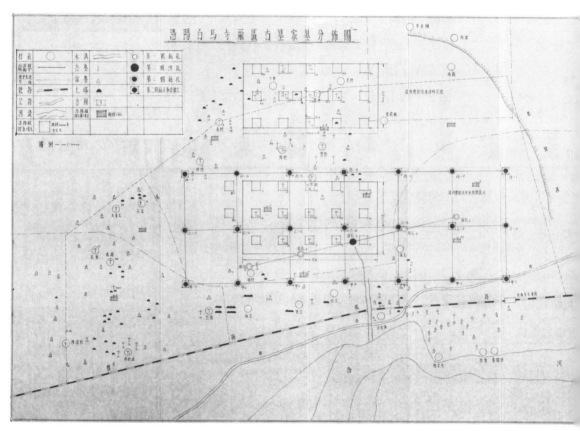

图 2-13　洛阳白马寺地区古墓、家墓分布图

注：为便于阅读，对图例做了放大处理。

资料来源：河南省地区选厂调查资料：洛阳市（第九卷）（二）[Z].（中国城市规划设计研究院档案室，案卷号：0885：12）

五、关于城市规划工作的反思

魏士衡：当时对城市规划工作来讲，本身仅仅考虑的是新建工业和它的厂区以外的工程。

这可以叫规划吗？我后来对这个问题怀疑过，比如我们搞的就是骨干企业，"156
项"以外的其他问题则根本不考虑。

当时我们也没考虑那么多。其实洛阳这个地方，工厂本身也没有什么军用的。
不过是拖拉机厂、矿山机械厂、滚珠轴承厂，"铜加工厂"当时还没定下来，
还有一个火电站，其中只有拖拉机厂和军事有点关系，就是"东方红"嘛，滚
珠轴承厂和矿山机械厂不属于军工。

后来到了 20 世纪 80 年代的时候，我们有一次出去调查，才想到这个问题。当
时我去西安，西安城建局的局长叫李廷弼，他很有头脑。搞城市管理有头脑的，
一个是他，一个就是任震英。1980 年代时我们也想总结经验，搞调查，我跟赵
瑾（图 2-14）谈过这个问题，我说咱们这个规划也就是这么搞一些骨干工业，

图 2-14　参加信阳市规划咨询留影（1998 年前后）
注：赵瑾（左 2）、魏士衡（左 3）、安永瑜（左 5）、刘锡年（右 4）、吕萍萍（右 2）。
资料来源：赵瑾提供。

其他的没考虑，这是规划吗？等于"半拉子"，这个规划不完整。他说对，只
有这些重工业。

你这份书稿里面就谈到了这个问题，事实上也是这样。我说你这些工业摆在这
里，没有配套的、为它服务的东西，将来这些工业简单再生产都很困难，更不
要说扩大再生产了。赵瑾说是这么回事。新建的地方，规划工作是这样，旧城
就更谈不上了。我们没搞详细调查，没有细致地对一个城市进行全面的分析，
旧城改建没法弄。所以，当时洛阳旧城为什么放在那儿？因为不知道如何下手，
这叫"老虎吃天"，没法下手。

1950 年代的时候，就有很多人对规划工作有些怪话。有人说城市规划很简单，
用不着大学毕业，高中生就会，为什么呢，他说你只要会用三角板跟笔就行，
规划书上有各项指标，按照指标一个一个弄，只要会画图就行了。你说这个话
没道理吗？还有人讲规划是纸上画画，墙上挂挂，不敌领导一句话。我们现在
还有很多人说城市规划不是科学。后来有人说城市规划怎么搞呢，"一张利嘴、
两条飞毛腿"：能说会道，说得天花乱坠；跑各部门，跑得勤，规划工作就好
办了。

我干了几十年规划，听见这些话，实在有点让人感到刺心，规划居然不是科
学？！搞了几十年规划，来这么一句话就否定了它。我们院里面还有这种人：

规划是什么？就是画图。我跟他们讨论的时候，他们挖苦我：你是经济学派。城市本身如果没有经济活动，还会有生命力吗？不去搞经济上的分析、调查、研究，能知道城市的动力是什么吗？推动一个城市发展的运转，究竟靠的是什么力量？所以讲，城市规划不只是画图而已。

那年跟赵瑾到西安开座谈会，听大家发言，座谈了半天，最后说来说去就是刚才这些，就说规划规划、墙上挂挂。有些搞规划的同志来了句：我发誓，连我的儿子我都不让他搞规划。这些话对我的触动很大。

访问者：实际上，是业界对于城市规划的科学特点的认识还很不到位。

魏士衡：原来早在1950年代的时候，就有这些话了，当时我只是认为说个事实，也确实是这么回事。可是西安的这一次调查，听到以后，对我的触动很大。等散会后，回到旅馆，我就跟赵瑾说：赵瑾同志，什么是城市？他愣那儿。我说：哎，搞了几十年城市规划，现在居然提出这个问题，是不是有点可笑啊？他说：不，也正是因为你搞了几十年城市规划，才会提出这样的问题。

六、"什么是城市？"的命题

魏士衡：什么是城市？这个问题没解决。到现在也没解决。绝不是像某位大学教授的一句话，那么草率地把它简单说成是"城市就是'城'加上'市'"，这是非常不严肃的。什么是城市？接下来就是：什么是城市规划？

为什么会这么说呢？1980年代，我曾经到部规划局参加一次座谈会，和张启成两个人去了，主持会议的有曹洪涛、王凡、刘学海，院里就我俩去了。当时我就把这个问题提出来了，我说什么叫城市？我说了一句很不好听的话：看来我们主管业务部门都还不懂这个问题。我就继续说，不知道什么叫城市，我们怎么搞城市规划呢？

当时王凡是规划局局长，我就跟他说：王凡同志，你旁边有个电风扇，请你给我设计一个电风扇如何？你会说，我不懂它的原理，我也不知道上面的叶片半径有多大，我设计不了。我说是这么回事，但一个简单的电风扇，你都可以说你设计不了的话，那么一个城市，那么复杂的问题你都还不知道，怎么就能搞城市规划了呢？道理是明摆着的。我说咱们搞城市规划的目的究竟是什么？……辩论完了，也就完了。但是，这个问题始终没有引起重视。

访问者：对。您讲得非常深刻。您跟赵瑾先生一起去西安，大概是什么时间的事？

魏士衡：1981年吧。

访问者：是为了什么事情去西安的呢？

魏士衡：我们是去总结经验的。不光是西安，后来还从西安出发，到四川、湖北、江西……

跑了好几个城市，本来想全国跑一圈的。

访问者：当时中规院还是在恢复重建过程中吧？

魏士衡：对，当时还叫城市规划设计研究所①。所以，后来 1982 年正式成立中国城市规划设计研究院的时候，我们极力主张设立一个所，叫城市规划历史理论研究所②。

访问者：这个所的成立，主要是您跟赵瑾先生的主张？

魏士衡：对。最后确实也设立了这个所（图 2-15、图 2-16）。

访问者：这个所的名字后来变了。现在院里没有理论所了，但有一个历史文化名城研究所。

魏士衡：后来也是我鼓动起来的，主动把它解散了，很伤心。其原因，第一是没有人才，第二就是没有同伴，很孤独。孤军奋战不行，阻力太多。

当时所刚成立以后，因为是历史理论研究所，总得有点表现，所以就促使我写了《天人感应思想与中国古代都邑规画》一文，结果连这篇文章都不让我发表。当时，有领导看了我的文章以后说，这跟城市规划无关，不让发表。后来金经元编辑一个内部发行的刊物——《城市规划研究》③，编进去了④。当时我加了一个"中国城市规划历史探索之一"，作为副标题，但以后我就没再写下去。这篇文章里面，我原来有一个笔误，"意"写成了"义"，他们来了句"魏士衡也会写别字"。以后我就不干了。

所以到后来，就把这个所解散了。工作上出了好多问题，有两次出去，本来就是要搞研究的，结果出去了不搞研究。后来一看是这个状况，我跟金经元说：咱们散了吧。院领导说，还是挂个名吧，人都散了。从这以后，我就不再研究这个问题了。自那以后，我连办公室都不再去了，多少年我都没去过院里。我就在家里东看西看，感兴趣就看一点，长点知识，长点见识，随心所欲。大体上就是这样一个状况。

访问者：您这是真性情。刚才您说到规划局的那次会议，担任规划局局长的王凡，是不是您前面提到的从苏联学习回来的王凡？

魏士衡：对，是他。当时散会后刘学海就对我说：你小子真行。

访问者：他对您是支持的吧？

魏士衡：刘学海好像是支持。可是那次会上只是提起而已，没有引起任何实际作用。当时如果要是敏感的话，本来应该提出来以后，大家一起搞一些研究的。

访问者：这就相当于城市规划领域的哥德巴赫猜想。

---

① 全称为国家城市建设总局城市规划设计研究所，1979 年国务院批准成立。其前身为建筑科学研究院城市建设研究所。

② 该所成立时间与中国城市规划设计研究院的成立时间相同，即 1982 年 10 月。

③ 今《国际城市规划》杂志的前身。

④ 该文载于 1984 年第 3 期的《城市规划研究》（即今《国际城市规划》杂志）。

图2-15　魏士衡先生为开展城市规划历史研究而手抄档案资料的汇编本（1980年代初）

注：该文件系刘仁根先生（曾任中规院城市规划历史与理论所副所长）保存的复制件，共3本。

资料来源：刘仁根提供。

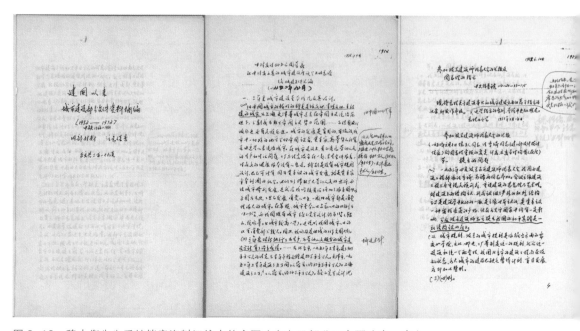

图2-16　魏士衡先生手抄档案资料汇编本的扉页（左）及部分正文页（中、右）

注：该文件系刘仁根先生保存的复制件，正文页中的部分文字系刘仁根先生阅读该文件时所注。

资料来源：刘仁根提供。

魏士衡：你说奇怪不奇怪。我当时提这个问题，没有人发言。可是不知道过了几年以后，突然间又有人提出问题了。我们院还有人说城市是经济载体，城市是什么摇篮……都想用一句话就把城市复杂的内容概括起来。不严肃。

因此，这依然是个问题。如果今天我们还不解决这个问题，我们的城市规划就没有前途。

七、城市规划历史与理论研究

魏士衡：就中规院来讲，在我退休的时候，我曾跟院领导提过，作为中央的一个城市规划院，要想站住脚，不光是你做了多少规划工作，还必须在理论上有所建树，真正地能够引导全国。否则的话，这个院前途渺茫。到现在，连一个能够提出问题、能够去解答问题的人都找不出来。所以，我为什么会对你这本书稿感兴趣？我希望你能够像你现在这样，去认真研究一下这个问题。

访问者：我太年轻，阅历等各方面还有很多限制，所以现在的工作重点是梳理档案，可能等到档案、实践等积累到一定程度后，才能够去研究理论问题。

魏士衡：不。机不可失，失不再来。现在提城镇化，这是不对的，城镇化是个行政体制问题，是城市化问题，我们说城市化和城镇化不是一个概念。现在这个时候，有好多地方刚刚起步，赶紧就去调查。调查这个城市的形成过程，它走了哪些发展道路，比如一个城市靠什么生活，它的经济活动是什么，等等。

访问者：就是要多做调查？

魏士衡：现在抓还来得及。再晚了以后，城市发展的高潮都过去了，你再反过来弄，就只能找点回忆，这就晚了。

要亲自调查。我曾经派人调查过，可是不得力。我提出的提纲，拿出去以后，没有结果返回来。所以为什么我不愿意做这个事？我没有助手，我跑不动。这些事不是一个人能干的，所以后来我就不愿意再干了。

要去调查，看城市是怎么活动的，这些人靠什么生活。你谈到的一个问题就是把消费城市变为生产城市，看看它是怎么走上这条路的。然后，当你经过很多调查以后，就会找出规律，找出一个城市发展的规律，它是怎么起步，怎么往前走，怎么能够保持它旺盛的生命力的。可惜现在已经有点晚了。

访问者：对。现在好多城市的规模，都已经发展得比较大了。

魏士衡：所以就从小城市抓起。我给你提醒一下，请你注意。我曾经讲过这一点，但是人们也不理解。我们先不讲什么叫城市，但城市的对立面是农村，那么，它们之间的本质区别在哪里？

20世纪80、90年代开一些座谈会的时候，还曾有个日本教授在会上提出问题，他说：我调查过苏联，列宁说过，叫"先消灭三大差别"[①]，我去看了以后，觉得他们在城乡差别上并没有解决问题（图2-17）。

那么，城市和农村的差别究竟是什么？由这个问题还可以往下想。你可以找出一些表面上的东西，大、小；密集、疏散；拥堵等，但这些都不是本质。本质是什么呢？

访问者：一种聚居方式，生活模式？

魏士衡：不是。马克思曾抓住"商品"这样一个简单的问题，去研究资本主义社会，要

---

① "三大差别"指工业与农业的差别，城市和乡村的差别，以及体力劳动与脑力劳动的差别。

图2-17　在深圳工作时的留影（1990年代）
注：左为沈远翔，右为魏士衡。
资料来源：沈远翔提供。

像这样，才能解决问题。我给你提醒一下，城乡的基本差别，就在于劳动对象
的不同。

访问者：对，您说的才是本质内容。我从小就是在农村长大的，农村的劳动对象和活动，
就是与城市不一样。

魏士衡：正因为这一点，就衍生出来种种的不同，这样你就可以得出什么是城市了。行了，
我已经把我梳理的一些内容讲给你了。

八、几点提问和解答

访问者：您讲得太精彩了。魏老，要有可能，我还想多听您讲几次。另外今天还想问
您几个小问题。首先，关于洛阳模式，因为在规划界说得比较多，在这份书
稿中，我把它跟"梁陈方案"作了个对比。对于洛阳模式，您是怎么认识和
评价的？

魏士衡：我一直没下功夫研究它。因为我认为他们所谈的都不是规划。规划就是你对这
个城市本身作全面的分析，完了以后，根据整个城市的经济活动，根据这些经
济活动能够正常运转的需要，进行的一种安排和布置。在这种情况下，这个规
划就不是一张图纸了。

访问者：对，也不是一个形态了。

魏士衡：更重要的，可能就是需要用文字来表述的一些内容了。科不科学就在这里。洛
阳模式也好，"梁陈方案"也好，他们弄的都是图纸，所以你比来比去，只不
过是在图纸上比较，是不是这样？

访问者：是的，您说得很深刻。另一个疑问是，现在一方面规划队伍在不断壮大，但同

时被批评的也很多，从早年的"反四过"到后来的"三年不搞城市规划"，现在社会上也有一种习惯，就是把各种问题，觉得城市发展得不好了，或者有点毛病了，都归咎于是规划没搞好，城市规划师感觉到很委屈。您怎么看这样一个现象？

魏士衡：那是我们自己的工作没做好，有些问题没解决。你做规划，就是要把各方面的矛盾解决掉，如果解决不了问题，你的规划还有什么用呢？很多城市病的出现，就是我们对城市本身不研究，对城市规律缺乏认识。比如城市规模问题，应不应该研究呢？

访问者：现在有一种论调，说城市规划控制不了城市规模，所以干脆就不研究了。

魏士衡：很多人说话不负责任，资本主义国家还研究这个问题呢。你看看霍华德的《明日的田园城市》，你说它是乌托邦也好，什么也好，那时候它就有规模的概念，它就说不要超过多少。早在1960年代的时候，波兰也研究过城市规模，认为三十万人比较好。

中国人有个很大的毛病，就会跟着别人走，不能走在前头，不是自己去研究。别人说什么，就跟在后面说，所以说说就过去了。城市本身不是孤立存在的，城市相互之间既有联系又有矛盾，所以城市规模问题是从一个地理范围里来考虑的，你的资源如何，环境条件怎么样。一个很重要的问题就是水，北京现在用水要靠"南水北调"，"南水北调"主要解决北京的用水，沿途的老百姓用不起。

访问者：我们的不少做法违反了一些生态的基本原则。

魏士衡：好多问题没有人认真研究。

访问者：还有一个疑问，城市规划现在备受质疑或者批评，能不能说跟我们新中国建国初期的概念设定有一定的联系？据说城市规划一词是建国初期翻译工作过程中确定的一个名词。以前咱们国家主要是一种规画的传统，偏重于设计性质，城市规划却有很多综合性的内容。那么，对于我们这个专业应该怎么定位？用哪一个概念更贴合自身专业范畴的定位，是城市设计、城市计划，还是城市规划或者别的概念？

魏士衡：规划是约定俗成的。用规划两个字，不光是我们，什么都叫规划，是流行的概念。已经用惯了，何必改呢？不在于名字，实际上如何搞关键在于我们自身，如果我们本身也去贬低，那就没办法了。

我感觉搞城市规划的人，应该说要有一定的社会阅历。"全才"，对于社会科学、自然科学等，都要掌握一些知识。我现在回想，我这一生的经历比较丰富，是不少人所没有的，我在政府机关待过，工厂待过，农村也待过。

访问者：再向您请教一个问题。您是学园林专业的（图2-18），程世抚先生也是学园林专业的。您跟程老接触多吗？能不能请您讲一下他的情况？现在年青一代对他

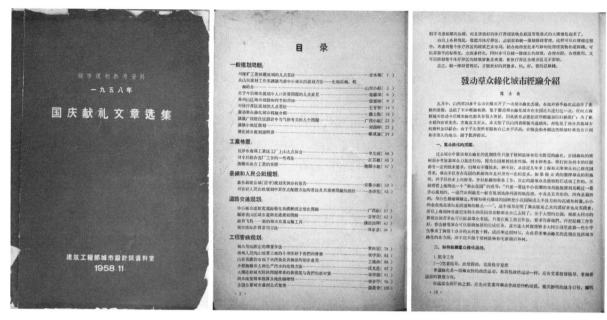

图 2-18　中央城市设计院 1958 年《国庆献礼文章选集》封面（左）、目录首页（中）及魏士衡先生"发动群众绿化城市经验介绍"一文的首页（右）
资料来源：李浩收藏。

不大了解，只知道他是咱们院长期内唯一的一级工程师。

魏士衡：他是我的顶头上司，是留学回国的。他的一级工程师，主要是在上海时给评的，不是来北京后评定的。他早在上海工作时，就已经是处长①了，所以到城市设计院后能当上室主任。像谭璟、王天任、归善继这些人没有这个头衔，所以只能当工程师，不同之处主要在这里。

访问者：在洛阳规划工作中，园林绿化系统规划这方面，您觉得有哪些比较突出的思想或者特色吗？

魏士衡：没有。

访问者：我查档案时，了解到的一个重要信息，因为现状好多绿化是在村庄里的，所以在做涧西区规划的时候，绿化系统重点考虑结合现状，多保留、利用村庄来作为绿化。

魏士衡：当时没有什么绿化系统的思想。尽管当时的一些书里面说的有，楔形绿化，引风进来，现在北京就搞这个事，用楔形绿化把郊区的新鲜空气引进城市里面，但当时还没有这些实际做法。你这份书稿中说到，洛阳规划的缺陷之一是工厂

① 1945—1949 年，程世抚任上海市工务局园林管理处处长、总技师，并兼任南京金陵大学农学院教授。

区在住宅区的上风向。那里有个电站，它的防护距离是 1000 米，从它的中心点到住宅区的边缘就是 1000 米，因为有防护距离的要求。另外还有 250 米宽的一个防护林带，就在住宅区跟工厂区之间。

访问者：当时在技术人员中，绿化工种的主要工作，是画图，还是其他什么？

魏士衡：什么都干。我全都干过，真正学会规划，也就是在洛阳这次。从总图，到详细规划，到更具体的，包括搞公园设计、防护带规划，我都干了。所以，如果讲培养人才的话，洛阳规划培养了人才。

访问者：关于培养人才，有几个关键人物。您刚才说到了王凡，除此之外，您觉得巴拉金的作用大吗？

魏士衡：他相当于总工程师。我们院的总工程师实际上是苏联专家。在专家的引导下，所有参加工作的人都做出了贡献。

访问者：对于洛阳的规划，巴拉金是在北京进行的指导，还是去过洛阳？

魏士衡：他没去洛阳。

访问者：噢，那就是在北京指导的。在总图阶段，他大概指导过多少次？频率高吗？

魏士衡：那就要看我们了，需要找他的时候就去找。巴拉金比较随和。他走了以后，又来了一些专家，后来来的规划专家有库维尔金，组长叫什基别里曼，是一个经济学专家，这些人是在城市设计院里面。巴拉金不在院里面，他在局里。

九、工作经历的简要回顾

访问者：魏老，刚才您曾说到，您在政府机关、工厂、农村都待过，能否请您大概讲一讲您这几十年的工作经历？有哪几个阶段？

魏士衡：在 1950 年代，"八大城市"之后，我又搞了几个城市的规划，像苏州、无锡（图 2-19）、桂林、韶山。那时候还当过设计总负责人。当时我脑子里面比较简单，领导怎么说，咱们就怎么干。

到了 1960 年代以后，就转入国家计委了，那时候我们就参加调查，跟曹洪涛一起，搞工业调整。然后，又跟万列风一起，到东北去搞 5% 城市建设维护费用的调查，当时一起去的还有刘学海。这件事完了以后，我就跟着鹿渠清院长[①]（图 2-20、图 2-21）一起，到地方工作去了。

当时说要恢复农业生产，中央下放 200 个司局长级的干部，加强地方领导去了。

---

① 鹿渠清（1914—1985），江苏省沛县人，1956 年 2 月被任命为国家城市建设总局城市设计院（中规院的前身）院长，1969 年下放江西"五七干校"学习，1970 年调至新疆，任乌鲁木齐市市委副书记，1979 年调回北京，任国家城建总局机关党委书记。

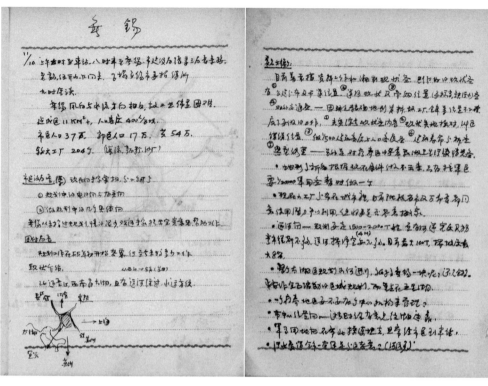

图 2-19 张友良先生日记中关于无锡规划及魏士衡先生发言的记录（部分）

注：1956 年 10 月 29 日至 11 月 18 日，张友良先生曾陪同城市设计院的 4 位苏联专家（建筑专家库维尔金、工程专
家马霍夫、电力专家扎巴洛夫斯基和建筑专家玛娜霍娃）到上海、苏州、无锡和杭州实地考察，并对城市规划工作进
行指导。工作组于 11 月 10 日上午到达无锡，左图为到达无锡时记录的首页，右图为魏士衡先生在该日所作的规划
工作汇报（首页）。

资料来源：张友良提供。

图 2-20 中央城市设计院首任
院长：鹿渠清（1914—1985）
资料来源：《忆鹿渠清》一书文前插图。

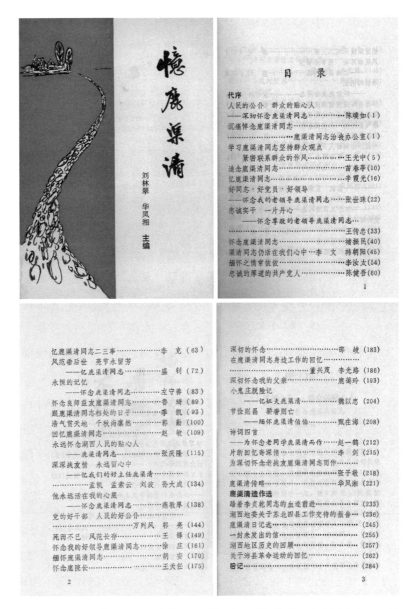

图 2-21　鹿渠清先生纪念文集——《忆鹿渠清》的封面（上图左）及目录页（其余 3 图）

资料来源：邹德慈先生藏书。

我是自告奋勇去的，想跟着学习，提高提高自己。我们到了安徽阜阳地委，鹿院长去当地委副书记，我等于给他当个助手。后来又搞了一年"四清"[1]，在农村待着。那时真是同吃、同住、同劳动。跟农民一起生活以后，我感到了脸红，我一个月的工资相当于一个劳力农民一年的收入，所以我从来不敢在那儿谈我

---

[1]　"四清"是指 1963—1966 年的一次清政治、清经济、清思想、清组织的社会主义性质的教育运动，这项运动先后在大部分农村和少数城市工矿企业、学校等单位开展。

一个月拿了多少钱。

后来从农村回来以后，我到了国家建委施工局。国家建委开会，讨论谷牧[①]的一个报告。那天谷牧到我们这个处来了，我就讲了农村的那点体会，就把工资水平讲了一下。我说我们老在那儿讲为人民服务，如果说我们讲为人民服务但却忘掉了农民，这个讲法就是假的。谷牧说你讲得挺好。

然后，在这个施工局就跟以前不一样了，就到工地了。我们到了西南，四川、贵州的一些"三线"建设工程，去看了看，看看那些在穷山沟里面、山洞里面住的人的生活条件。国家建委是1965年成立的，不久"文化大革命"来了，就把我们这批人下放去江西"五七干校"。过去我虽然在农村也参加过劳动，但到了江西以后，整天就是劳动，又继续搞农业生产。

一年多以后，我还是比较早的就"解放"出来了，分配了工作，把我分配到陕西第二水泥厂筹建处，但筹建处没多久就下马了，又把我们这批筹建的人统统都调到了陕西耀县水泥厂，在这个水泥厂里面一待就是十年。我没在那儿待那么长时间，这中间我参加了延安规划，后来又是唐山规划。如果我没有社会上这么多经历的话，考虑不了这么多问题。

访问者：可能考虑问题时不会有那么深刻。"文革"期间您受到了一些冲击没有？

魏士衡：没有。我不是当官的，"文革"时候我在建委，我是"逍遥派"。后来到干校也没什么，那时候还是继续斗争，我待了一年多就走了。社会经历、各种各样的条件就变化了，这跟1950年代不一样了。1950年代的时候，是老老实实听领导的话，这时候就开始动脑子思考问题了。如果没有这些经历，我也不会思考问题了。但也正因为思考，却倒霉了，后头十年过得很不痛快，处处受到阻力，最后没办法缩回来了。倒也不是没有干事，就坐那儿自由自在地写了两本书[②]（图2-22），还不错。当时我的情况不像你，你的条件比我好，你有经费，有人支持。

访问者：我现在精力可能稍好一点。

魏士衡：我那时候的经费很少。我想写书都不敢展开写，没有那么多钱，但总算是出来了。没有朋友，没有同志，很孤独的。

访问者：魏老，今天耽误您很多时间。

魏士衡：没有。也是重新回忆一下这段经历，温故而知新，还挺有意思的。不是老喜欢回忆过去嘛，有个事情借题发挥，我也就发挥发挥。可能有些地方说得过头了。

---

① 谷牧，时任国家建委主任。
② 指两本专著《中国自然美学思想探源》（1994年，中国城市出版社出版）和《〈园冶〉研究——兼探中国园林美学本质》（1997年，中国建筑工业出版社出版）。

图 2-22　魏士衡先生两本专
著《中国自然美学思想探源》
及《〈园冶〉研究——兼探
中国园林美学本质》（封面）
资料来源：魏士衡先生给访问者
的赠书。

访问者：您讲得非常有思想性，您的记忆力也很好。现在专业技术人员都忙于完成实际
任务，没有深入考虑您说的这些深层次的问题，包括我也是，在做历史研究的
时候，把更多的精力放在查档案上了，对理论层面的关注，一方面能力有限，
再一方面确实是想得太少。我觉得您给了我很多启发。我还有一些继续研究的
想法，今后等有阶段成果时，再请您给予指导。另外，您如果有兴趣、愿意讲
的话，我可以多来找您几次，口述历史。

魏士衡：我看你还是把精力主要放在这本书稿上，等这项工作完了以后，我希望你能够
转变你的方向，搞点研究。

访问者：理论层面的？说实话，我感到自己的阅历还太浅。

魏士衡：搞研究要具备的几个条件，包括要耐得住寂寞，你都具备了。你不仅如此，还
能跑、能问，还有一个就是你能够看问题、提出问题。最重要的就是要能发现
问题，发现以后不停留在表面上，问它几个为什么，比如现在好多社会上的现象，
人们都说这说那，你不要随波逐流。说是可以说的，不少都是事实，但这些事
实本身只是现象，不是本质。你要问问它的本质，然后就明白现象了，所以最
重要的就是要能发现问题，同时还要问它为什么，问几个为什么。
做研究当然很难，也可能这一辈子都做不出伟大的成绩。但是你毕竟还是做出
成绩来了。路是靠大家一步接一步地走，你可以铺路，别人踩着你铺的路再往
前走。能不能做一个探路人？

访问者：好的。我一定谨记您这些语重心长的话，尽力而为。

魏士衡：我写的两本书也就是探路。要想把某些问题弄明白，一个人的力量是不行的，
你可以探探路。也许你走的是弯路，但别人就会因此而少走一些弯路了。路是

人走出来的。我希望你能这样。

访问者：您对我的期望实在太高了。

魏士衡：因为没有人坐在这儿像我俩这么谈过，今天我把我的想法都说出来了。你已经
　　　　过了而立之年，马上要不惑了，现在正是时候，要抢在时间的前面。我的觉悟
　　　　太晚了。我说这些话都是我亲身的体会。

访问者：感谢您的教诲！

（本次谈话结束）

孙骅声先生访谈

现在，国内有很多城市设计，做的内容是错的。错在哪儿？
他们把城市设计当成城市面貌。成果一出来，头几张图纸就
是鸟瞰图，高楼大厦。他们把都市设计做成鸟瞰图和高楼大
厦的群体透视图，把这两部分放在规划成果的首页，完全没
有反映出公共空间中对公共的需求与安排。全错了。

（拍摄于 2016 年 11 月 15 日）

孙骅声

专家简历

孙骅声，1931 年 10 月生，浙江宁波人。

1950—1953 年，在天津津沽大学建筑系 / 天津大学土建系学习。

1953 年 9 月毕业后，分配到位于黑龙江省哈尔滨市的中央第一机械工业部电器工业管理局第二工程公司参加工作。

1954—1955 年，先后在建筑工程部东北第五工程公司和第一工程公司工作。

1955—1958 年，随工作单位迁至建筑工程部兰州工程总公司工作。

1958—1968 年，先后在建筑工程部专业建筑设计院和建筑科学研究院工作。

1968—1970 年，在河南修武建工部"五七干校"劳动。

1971—1979 年，在北京市第五建筑公司工作。

1979—1982 年，在国家城建总局城市规划设计研究所工作。

1982 年起，在中国城市规划设计研究院工作，曾任城市详细规划研究所副所长。

1991 年 10 月退休。

2020 年 6 月，荣获深圳市"工程勘察设计功勋大师"称号。

2016 年 11 月 15 日谈话

访谈时间：2016 年 11 月 15 日下午

访谈地点：北京市西城区太平街，孙骅声先生家中

谈话背景：《八大重点城市规划——新中国成立初期的城市规划历史研究》一书正式出
　　　　　版后，于 2015 年 10 月呈送孙骅声先生。孙先生阅读后，与访问者进行了本
　　　　　次谈话。

整理时间：2017 年 10 月 27 日

整 理 者：张靖（1989 年生，女，中国城市规划设计研究院图书馆馆员，负责初稿整理）、
　　　　　李浩（负责后续整理）

审定情况：经孙骅声先生审阅修改，于 2018 年 1 月 26 日定稿并授权公开发表

孙骅声：你没来之前，我整个看过了一遍。我没有经历过的事情，就不说了。有的事情
　　　　我经历过了，还有记忆的，就简单说一说。

李　浩　（下文以"访问者"代称）：好的，孙老。我先问一下，您的籍贯是天津吗？

孙骅声：不是，我只是出生在天津。

一、家庭和教育背景

孙骅声：我的父亲是浙江省宁波市余姚人，那里在古代是越国。我的母亲是山东省莱阳
　　　　人，那里在古时候是齐国，位于山东半岛靠海这边。可以说，我是"两国人"
　　　　结合生下的一个"混血儿"。

图 3-1　孙骅声先生正在接受媒体采访（1990 年代）
资料来源：孙骅声先生捐赠的图书资料 [Z].（中国城市规划设计研究院图书馆收藏）

我父亲为什么会从浙江跑到北方来？据家里老人告诉我，是我的曾祖父听说北京附近有个暗中成立的燕国，燕王是汉族人，要偷偷地把清朝推翻。我的曾祖父一听，说：我得去，我是汉族，凭什么天下让满族占据？他就带着他的老婆孩子从浙江来到天津。他不敢上北京，怕清朝抓他，就留在天津了。

那时候，从浙江到天津有运河。隋炀帝虽然花天酒地，但就这个运河而言，可以说是他做了好事。因为江南有很多好东西，得给北方的皇宫里送点，部下说："这么老远的路，怎么办呢？修一条河吧，用大木船，经水路运到北方"，于是运到天津停。

天津的方言跟扬州的方言在音腔上是非常相似的，到现在都没有变过来，天津人不说北京话——大船是从扬州来的，船上的人家说话都是扬州味儿，天津人说咱们也跟着扬州学，到现在天津方言还是扬州味儿。北京人没有天津人说话的这个腔。一直到现在仍然是，一代一代往下传（图 3-1）。

访问者：您小时候是在哪个学校读书呢？

孙骅声：小时候我是在天津的耀华小学读书，后来考入天津大学附属中学读初中和高中。中学毕业后，考入天津大学。

访问者：您是 1950 年考入天津津沽大学，1952 年院系调整时转到天津大学，当时学的是建筑，对吧？

孙骅声：不错。当时天大（天津大学）没有城市规划专业，全国开设规划专业的只有两个学校：一个是清华，一个是同济。连重建工（重庆建筑工程学院，2000 年与重庆大学、重庆建筑高等专科学校合并组建成新的重庆大学）都没有规划专业。

访问者：您为什么会选择学建筑，是受您父亲影响吗？

孙骅声：不是。我有一个叔叔，绘画非常好，油画、水彩、素描都非常好。我的父母就对我说："你没事儿时跟叔叔学学画。"高中毕业时，同学们说："考大学，考什么系呢？"有人对我说："你喜欢画画，家里又有会画画的老师，干脆就学建筑吧！"开始时，我想学美术，后来我父母说，那个时代，学美术没钱挣、没饭吃——画一张画谁要呢？还是学建筑吧！可以盖房子，赚钱。就这样，我学了建筑。

在大学期间，我的一份设计课作品因采用革新传统庭院式布局而得到系主任徐中先生的表扬，后作为优秀作品被系里陈列。当年我还曾参加天津大学的建校活动，从琉璃河水泥厂乘火车押运水泥运到学校。

二、参加工作之初

访问者：大学毕业后，您先是在哈尔滨工作了几年？

孙骅声：我1953年8月从天大毕业，一毕业就把我分配到了哈尔滨，在一个纺织厂上班。直到1955年，根据全国第一个五年计划的需要，兰州当时是五年计划的重点之一，领导就说：你们这些搞建设的，都去兰州那儿。然后，整个机构，连人带设备，坐着几趟火车就从哈尔滨搬到兰州去了。

刚到兰州时，我的第一个工作任务是参加兰州发电厂建设的准备工作。我和其他一些青年人就住在黄河岸上的席棚子里，生着煤球炉子，席棚子外面有时有狼在叫，过的是这样的生活。

因为半夜有狼叫，我就拿铁锹捅火炉，使烟囱冒火星而吓跑了狼。第二天请教本地工人该怎么办。后来，我们拿白灰在地上画一些圈，狼因没见过而产生疑心，就不再来了。

访问者：我从资料中了解到，在兰州市规划过程中，市建设局任震英局长还回到哈尔滨去"搬兵"[1]。您们从哈尔滨到兰州，是任震英[2]局长要您们过去的吧？

孙骅声：对。他后来跟陈占祥一样，被划成了"右派"。1984年，周干峙（图3-2）领着中规院的一些人到深圳，做第一个特区总体规划，周干峙就把他又请出来了。

① 唐相龙.任震英与兰州市1954版城市总体规划——谨以此文纪念我国城市规划大师任震英先生[J].《规划师》论丛，2014：205-212.

② 任震英（1913.4.14—2005.8.3），黑龙江哈尔滨人，1929年考入中苏工业大学（今哈尔滨工业大学）建筑系，1931年加入中国共产主义青年团，1933年加入中国共产党，成为中共满洲省委的地下交通员。1937年毕业后，根据党组织的安排到兰州工作，曾任甘肃省建设厅总工程师室副工程师、甘肃省营造厂副主任兼主任工程师等，1948年成立任震英建筑师事务所并任主任兼主任技正。中华人民共和国成立后，曾任兰州市城市建设局局长、规划管理局局长、总建筑师兼兰州市建设委员会秘书长等。1966—1973年，被下放"五七干校"劳动。1975年后，曾任甘肃省暨兰州市修改总体规划领导小组成员兼规划办公室主任、兰州市人民政府副市长、兰州市人民政府总建筑师等。1990年12月被授予首批"中华人民共和国工程设计大师"称号。

图 3-2　孙骅声先生与任震英先生和周干峙先生在一起（1995 年 11 月 18 日）
注：王炬（左 1，时任深圳市政府副秘书长）、孙骅声（左 2）、任震英（左 3）、周干峙（右 2）。
资料来源：孙骅声先生捐赠的图书资料 [Z].（中国城市规划设计研究院图书馆收藏）

包括周干峙、吴良镛在内，一共四个人主持深圳特区的总体规划，具体干事的
就是咱们院里这些人，不少人当时都是小青年。

深圳市总体规划，开始时只是经济特区的范围，还没覆盖到全市。后来是给国
务院打了报告，说从发展看地方太小了，建议把当时的宝安县的一部分从广东
省划过来，把该县单纯的农业发展改成综合发展。国务院批准了，于是就在
1993 年，把宝安县划进为深圳市的郊区，变成深圳市的一部分，以后就慢慢地
开始发展起来了。

访问者：刚才说到兰州，您在兰州工作了几年时间？

孙骅声：也就是两年左右。是在 1958 年前后，我就被调到北京来了。

访问者：您怎么会被调到北京来呢？有一个什么样的机会？

孙骅声：在兰州，开始时我也是做设计和画图，我们一批人都是 20 岁刚过。我们设计
室的行政领导是张科长，他是西安人，他说："你们就这么画了、晒图了，这
怎么行？得有个审核的，就让孙骅声做审核吧！"我早年头脑比较细，看人家
的图和自己的图，对一道一道线、连尺寸线都细看，看出毛病来，拿红笔画出来，
退回去让画图的人去修改，后来我就成为专职审图的了，当时只有 20 多岁。
后来，建筑工程部专业建筑设计院有同志从北京到兰州来，他们在兰州有设计
任务（设计建筑构件厂），也到我们单位那儿去了，看到我们出的设计图和校

核后的图纸，给予夸奖，就说：你们蓝图的质量还行，谁给你们审图的？大家说就孙骅声审图。他们又说：我们在北京的设计院里还缺审图的呢，得了，把他调北京去吧！他们叫我见面，问我愿不愿意到北京工作。我考虑北京离老家天津很近，就说愿意。这样，我就被调到位于北京的建工部专业设计院。

访问者：调到北京后，您是在建筑工程部设计院工作吗？

孙骅声：那时候，建筑工程部在每一个大区都有一个设计院，我被安排在北京大区所属的设计院（建筑工程部华北建筑设计院）工作。后来人事有了变动，就把我调到建筑工程部建筑科学研究院，我在建研院又工作了很长时间。

那时候跟现在不一样，技术人员要轮流被安排当学术秘书，我也当过学术秘书。当时我跟的人是王华彬总建筑师[1]，这位留美的老先生因为性格比较孤傲，在上海跟同事们合不来，建工部就把他调到北京来了。调北京以后还是合不来，就说干脆给他安排到建筑科学研究院吧，他自己一个人一间办公室。我就是他年轻的秘书。

三、迎接国庆十周年的"北京十大建筑"设计

孙骅声：在北京，值得一提的是迎接国庆十周年的"十大建筑"，即人民大会堂、历史博物馆等一批重点建筑。王华彬老先生是"十大建筑"设计的评委之一，经常给周恩来总理汇报，我作为学术秘书，跟在他后面。这是我值得一提的非常光荣的一件事，我见周总理的次数有很多，里面的故事也很多，比如关于人民大会堂里的"万人礼堂"内部装修怎么做。比如说，人民大会堂所有的制冷设备都应当放入地下室，就是我提的建议，等等。

我记得，当周总理审查人民大会堂设计图的时候，在说到万人会堂的设计该怎么做时，对那宏大的会堂空间里墙壁和顶棚装修如何连接时，我就汇报说：万人礼堂里的内墙装修不能像剧院一样，可以把内墙同顶棚以圆线条相接，比较大气。周总理说："好呀！就水天一色吧！"

另外，五千人宴会厅要求室内不设柱子，那么大的跨度该怎么办？我就建议，只能把大铁桥的立体构件组成的钢梁搬到屋顶上，再做上屋顶层覆盖才可以。

由于以上的建议，以及我承担的王华彬老先生秘书工作，后来人大常委会聘我做人民大会堂竣工的"验收委员"，这真是不胜光荣之至！

---

① 王华彬（1907—1988），福建福州人，1927 年毕业于清华学校庚款留学生预备班，后留学美国欧柏林大学和宾夕法尼亚大学建筑学院，获硕士学位。1933 年回国后，曾任上海市中心建设委员会建筑师、上海沪江大学教授、之江大学建筑学系主任等。中华人民共和国成立后，曾任上海市房管局总工程师、建筑工程部华东工业建筑设计院总建筑师、北京工业建筑设计院总工程师等。曾当选为上海市第一届人大代表，全国第三届人大代表、中国建筑学会副理事长等。

图 3-3 刚建成时的北京人民大会堂（1959 年）
资料来源：中华人民共和国建筑工程部，中国建筑学会．建筑设计十年（1949-1959）[R]. 1959：图片编号：290.

访问者：关于"十大建筑"，据说陶宗震先生[1]曾参与人民大会堂和天安门广场的设计，您对他还有印象吗？

孙骅声：有印象，他是清华大学建筑系毕业的。

访问者：据说他当时做过人民大会堂的方案设计，但又有另外一种说法，说人民大会堂的主要设计者是赵冬日[2]，他们之间是什么关系？

孙骅声：当时"十大建筑"的设计，周总理让全国的设计院都提方案，我当时作为秘书，也跟着参与其中。当时，来自全国的人民大会堂建筑设计方案，我记得一共140 多个，都寄到我们这儿来。我负责整理好，"打了包"以后，交给王华彬，由他先看并准备意见。当时有个评委会，成员不只是他一个人了，全国一些知名的专家都在里面，把方案拿给他们，请他们评议。

最后的意见是，人民大会堂是我们国家代表政权的建筑，这个建筑外观得"板"一点，不能"里出外进"，所以，建筑的外立面就基本上成了一条直线。柱子呢，既不是西式的，也不是中式的。这是谁提的呢，就是北京市建筑设计院的赵冬日。赵冬日说，必须得有柱子，表示我们国家有支柱，但这个柱子又不能搞西式的，什么希腊式、罗马式的都不行；也不能中式的，有人提出来一个"插方"和斗栱，这个也不行。得要既不中也不西，在柱顶扎扎实实有一个疙瘩顶着梁。所以，人民大会堂的柱子就是这样的（图 3-3）。

---

① 陶宗震（1928.8—2015.1），江苏武进人。1946—1952 年，先后在辅仁大学物理系、天津工商学院建筑系、清华大学建筑系学习，学习期间于 1949 年夏在中共中央直属机关修建办事处参加工作。1952—1954 年，在建筑工程部城市建设局工作。1954 年后，在建筑工程出版社（中国建筑工业出版社的前身）等单位工作。

② 赵冬日（1914—2005），辽宁彰武人。1934 年赴日本留学，3 年预科班毕业后升入日本早稻田大学建筑系。1941 年毕业回国后，曾任东北大学工学院教授、系主任。中华人民共和国成立后，曾任北京市建设局副处长，北京市城市规划管理局分区工作室主任、技术室主任、规划四室主任、总建筑师等。

结果呢，带来一片反对声。最后，唯有一个人支持他，就是有名的建筑师张镈①，他说：我看这个行，赵总说的，不要把中国式的插方拿进去，本身都是钢筋混凝土的结构，怎么能做插方呢？

最后，也是到周总理那儿汇报。周总理说：我不知道什么插方、托方，你们画出个样子我看看。一看，周总理看到托方的就说："可以，挺气派的，就是它吧"。人民大会堂的外立面就是这么定的。

历史博物馆②是北京市建筑设计院张开济③设计的。张开济说：对面的建筑（指人民大会堂）已经像一面墙一样了，历史博物馆得丰富一些，不能再做成一面墙了；历史博物馆的大门口有个大院子，进去后一个主院子，两边是次院子，再往里才是建筑。天安门广场的一侧是人民大会堂，另一侧是历史博物馆。从建成后的效果看，张开济的设计思想还是比较活的。

访问者：陶宗震先生有没有参加天安门广场和人民大会堂的方案设计呢？

孙骅声：陶宗震本身没有参加刚才我说的这些工作。但是，他作为清华大学的学生之一，当年还有好多别的同学，一起来参加过讨论。比如人民英雄纪念碑，是梁思成和他的夫人林徽因设计的，汉阙的形式，碑上是毛主席题字，底下一圈是人像的浮雕，人像的鼻子和脸跟当时做浮雕的设计者一个样。王华彬笑着对我说："老孙你看看，这些人都跟他的脸一样，都这么难看，瘪瘪嘴、小眼睛"。你说的陶宗震，是不是跟着梁思成参与点什么，我就不太知道了，但他没有进行正式的规划设计。他的爱人④与我们同班，也是福建人，从福建跟她姐姐⑤到了北京，认识了梁思成，与林徽因认了同乡，整天伺候林徽因。

四、关于"梁陈方案"的认识

访问者：说到了梁思成先生，您对"梁陈方案"如何评价？ 1950 年初，梁思成先生和陈占祥先生共同提出，在北京西郊建设一个新的中央行政区，以避免对老城文物的破坏。

---

① 张镈（1911.4—1999.7），山东无棣人。1934 年毕业于中央大学建筑系，后在北平、天津、南京、重庆、广州等地和香港基泰工程司从事建筑设计工作，1940—1946 年兼任天津工商学院建筑系教授。中华人民共和国成立后，曾任北京市建筑设计研究院总建筑师等。
② 中国历史博物馆与中国革命博物馆两馆属同一建筑内，即今中国国家博物馆。
③ 张开济（1912—2006），浙江杭州人，1935 年毕业于南京中央大学建筑系，曾在上海、南京、成都、重庆等地建筑事务所任建筑师。中华人民共和国成立后，曾任北京市建筑设计研究院总建筑师、北京市政府建筑顾问、中国建筑学会副理事长，1990 年被授予"建筑大师"称号，2000 年获得首届"梁思成建筑奖"。
④ 指林泗。
⑤ 指林洙。

孙骅声：梁思成和陈占祥这两个人，是分别从美国和英国留学回国的，当时他们头脑里自然充满了美式的或者说是资本主义式的思想。最早的方案是仅把中南海作为历史保护区域而不安排居住，当时曾有方案安排毛主席居住，所以彭真（当时的北京市委书记），就大骂梁、陈，说："你们把毛主席置于何地？"当时对政治领袖的安排是首要的。所以"梁陈方案"被否了。

梁思成的头脑比较灵活，他不是梁启超的儿子嘛？有点家传的背景，马上就主动承认错误说："我们这么想是不对的"。他原以为像美国一样，有个白宫就行了，谁当总统谁就去里面住，实际上不对。所以，"梁陈方案"被否了。

陈占祥不承认错误，就被划成了国内的"大右派"，被下放劳动改造好多年。劳动结束回来后，在北京市建筑设计院工作了若干年。先是在北京市建筑设计院，后来由于他的英文特别好，又被调到城乡建设环境保护部，安排在中国城市规划设计研究院做顾问总规划师。陈占祥对我印象特别好，因为我英文有点底子，并经常向他请教问题。

五、对苏联专家的印象

访问者：您参加工作的早期，先是在哈尔滨、兰州，后来到北京，接触到一些苏联专家没有？

孙骅声：接触了。先从哈尔滨说起，苏联的建设指导思想是工业第一。我刚毕业，就把我分配到哈尔滨纺织厂。这个工厂的建筑非常漂亮，墙体都是黄色的，看着非常温和，我在那儿做点零星的事。苏联专家是搞设计的，我们只是搞建造，做点预算。经常是某一部分的预算，按照定额套一下，最后算出应该多少投资。

还有一个项目是一个小的工厂，生产什么的记不太清楚了。再往下是哈尔滨的发电厂，我参加了一部分工作，具体是做预算和概算。当时，分配到青年人手上的都是较为局部的工作，比如这个脚手架，你计算计算需多少钱的投资。

哈尔滨纺织厂是苏联专家设计的。苏联专家中还有一个女的，一位太太，专家还约我到他住的地方玩儿过，约请我们参加舞会什么的。发电厂不完全是苏联设计的，是中苏合作设计的，那时候中国对于设计发电厂已经有点经验了。苏联把他们那边的经验拿过来，双方合作，有挺大的规模。工人的"带眷比"[①]，

---

① 带眷比是指带有家属的职工总人数的比重，每个带眷职工所带眷属的平均人数为带眷系数，该指标主要用于估算新建工矿企业及小城镇人口的发展规模，确定住户户型。

以及学校配套等一切都跟着上了，早年我们国家对于配套的思想还是很重视的。

访问者：城市规划方面的苏联专家，比较有名的像穆欣、巴拉金、克拉夫秋克，他们对兰州、北京和哈尔滨的城市规划工作有不同程度的指导，您跟他们有过接触吗？

孙骅声：城市规划方面的苏联专家，我本人接触的比较少。我那时候主要是在搞设计和建设，偏重于建筑方面。但我大概知道这几个人，我出差到北京的时候，到过当时的所谓"四部一会"①，苏联专家都被安排在里面上班，周干峙带着我去过，他们主要谈规划，但里面有关建筑设计建造的事，我参与过。

周干峙院士是清华大学毕业的，梁思成特别推荐给万里，说我们的小青年如何好，你有什么要做的就让他们去做。中国城市规划方面的事情，有不少都是周干峙定的。随便举个例子，他曾说做规划一定要踏勘，踏勘侧重一个"踏"字，既不能坐汽车，也不能踩自行车，要了解一个地方、片区、局部，必须踏，一步一步地走，这样才能看清楚周围情况。这就是他年轻时训话的时候总讲的，他在城市规划院时极力主张这个。

六、苏联规划的主导思想和中国的城市规划

访问者：对于苏联的城市规划思想，您是怎么认识的？

孙骅声：关于苏联规划的主导思想，有五点我认为值得提一下。

第一点，苏联是"共产国际"的头。为什么设立个"共产国际"？它想的是可以用政治手段来管理全球，以共产主义为方向，"共产国际"的意思就是这个。中国共产党成功了，全国也解放了，就很自然地需要到"共产国际"那儿报到，因为它管着你。

第二点，苏联实行严格的计划经济，并以此作为经营经济的主要原则。

第三点，苏联的经济发展主要依靠工业，而所有工业里，军工是优先的。

在当时，苏联的那一套也曾深深地影响到我们的国家，例如把人民的消费被认为是负面的东西，认为消费等同于消耗，这种思想其实是不对的，可是那时候就这么认为。这也就是他们的第四个特点——重生产而轻消费。

咱们国家在1950年代曾经提出来一个口号，叫作"一边倒"，倒向苏联，向苏联学习。学习什么呢？一句话："把消费城市转变为生产城市"。这个是怎么来的？就是从苏联来的。它们认为人民的消费就等于消耗，消耗就是国家不

---

① "四部"指第一机械工业部、第二机械工业部、重工业部和财政部，"一会"指国家计划委员会，这是新中国成立初期根据统一规划、统一设计和统一建设的方式建造的一个大规模的政府办公楼群。

行了，这个思想在苏联的城市规划里表现得非常明显。

第五点，就是苏联的规划里当时没有远期战略规划这一说。当时，英国已经有了"结构规划"，就是讲未来的战略。苏联没有这个，只有计划，苏联规划特别强调计划，不太主张市场，认为搞市场就是资本主义。

讲完了苏联的规划，我们受它的影响，那我们的规划思想是什么？是不是照搬苏联的？哪些跟它们有联系，哪些是我们自己的？这个问题值得谈一谈。

早年中国城市规划的思想，有几点值得讲一讲。

首先，任何一个规划，不管是一个城市、一个片区，还是一个居住区的规划，都要有四个字，叫作"主导思想"。比如说"工业发展优先"，这就是某一个城市的主导思想。计划经济时期，政府也好，规划设计单位也好，都特别强调主导思想。后来我到中规院工作，刚一到，夏宗玕①副院长就提醒我，不管编什么规划，一定要注意主导思想。

其次，中国的规划主要应把城市经济搞上去。当时是以建设为主要手段，规划是建设的前提。咱们国家在很长时间内，建设成为主导。建设要做什么事？第一要明确城市的性质，第二是人口规模，第三是用地的规模，这三个方面是中国编制城市规划最主要的内容。

再次，当时咱们国家对于建筑、建筑设计和建筑的建造提出来一个口号，叫作"适用、经济、在可能条件下注意美观"。"在可能条件下"这几个字，据说是周恩来总理提的，原来的提法是"适用、经济、美观"，但如果什么都注意美观的话，我们国家根本没有那么多投资能力，所以周总理说：我看加几个字吧，"在可能条件下注意美观"。这就是说，不是马上去做美观。

最后，中国早年的规划是工业建设和生活居住区两手都要抓。那时候，工业建设新来的工人都是农民，他们的文化低，可是他们也得生活，规划建设要落实生产性的人口和带眷比。那时候还没讲计划生育，如一个老婆、三个孩子，就是一共四个人，这个工人的带眷比就是1∶4，根据这个测算人口规模。另一方面是统计城市人口，计算人口规模。比如说上海，人家工业已经有很多了，用不着你再去做，但是上海将来会怎么样，规划有什么事？首先就需要把它的人口规模算出来。这些，是我们国家早年的规划思想里值得提一提的。

访问者：刚才您说到苏联的规划理论，或者叫"苏联规划模式"怎么评价的问题，中国当年的城市规划工作究竟是不是照搬苏联模式呢？

孙骅声：苏联的规划，要按现在的话来说很简单，就是"工业"，它认为有了工业经济发展，

---

① 夏宗玕，女，1933年7月生，江西新建人，1954年毕业于清华大学建筑系，分配到建筑工程部城市建设局参加工作。曾任中国城市规划设计研究院副院长、中国城市规划学会副理事长兼秘书长。

城市就都发展起来了。虽然当时我还没做规划工作，可是我知道这一点。苏联专家一作报告，一听就是工业。咱们国家的年轻人，包括周干峙在内，当时就是紧跟着苏联专家的主张，搞工业。虽然当时我没搞工业，但我们介入的建筑，也是工业建筑，那时候没有什么民用建筑。例如，建设一个宾馆吗？绝对不可以，那被说成是走资本主义道路。

关于你所研究的八大重点城市的选择问题，那时候的时代很早，我还没毕业，按照计划经济的原则，当时从全中国的地理分布出发，再结合当时城市经济的现状和发展的潜力，分批选出来重点发展的一些城市，八大城市也是在这样的指导思想下选定的。现在你研究分析八大重点城市规划，实际上，当年的城市规划不见得只是这八个，可能还有更多的城市，但是是以这八个为重点。

早年，全国城市的经济能力有高有低，首选的是东部和中部的城市，还有沿长江的城市。你要问我这八个城市的选择根据什么，我认为主要是两点：首先是这个城市本身的经济能力，其次是它的地理位置。虽然这八个重点城市的选择并没有谁早谁晚，但在排队上，城市自身的经济能力还是影响排序的首要因素，比如说西安就曾被排前面。

七、中国城市规划的本土特色探索

访问者：当时学习苏联规划理论的过程当中，咱们国家有没有一些本土的东西，所谓中国特色的探索？

孙骅声：有，不过我接触得不多。我没有搞过那么多的规划，只是从周干峙和咱们院的一些老同志那里，断断续续知道一些情况。

中国古老的规划，我举个例子。比如说我出差到安徽歙县，看到歙县的水，从每家流进去，再从每家流出来，一条小弄堂两边都是水，妇女在水边洗衣服、刷碗。我感觉这真漂亮，就打听这是谁想的主意。据说是一个老先生，这个老先生有文化，背着手各处走，一看这儿有一道河，水流有点像小瀑布似的，这个河就流经歙县县城，他说："水流可以一家进去，再从这一家出来，不是挺好吗？"

我出差到那儿，就决定一定要亲自去看，果然真棒！院墙门一打开，是一个木制小桥，人走在桥上，可以看到右边就是堂屋，左边还有一个像小亭子似的，可以摆椅子，底下就是水。这边声音咕噜咕噜地进，那边咕噜咕噜地出，站在桥上，趴在桥栏杆上看水。这些水最后都流到一个大池塘里，一看水里都是鸭子在游水和嬉戏，这儿就到了终点了。好像有小瀑布经过各家，一个小弄堂两边都是水，流到大池塘就结束了，真棒。我去了不止一次，安徽歙县。

这些东西，苏联肯定没有，这就是中国老祖先的智慧。当时我就觉得，中国的

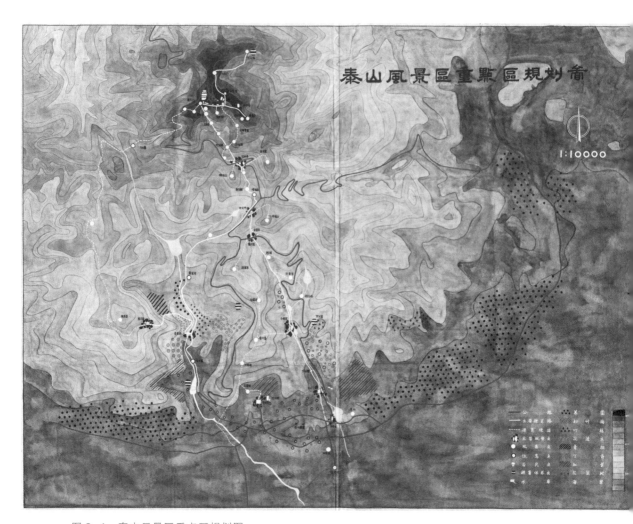

图 3-4　泰山风景区重点区规划图
资料来源：泰山风景区重点区规划图 [Z]. 中国城市规划设计研究院档案室，案卷号：0180.

东西一点不比苏联差。老实说，早年我们内心的思想，对于苏联专家那套是不以为然的。

说到中国有没有值得肯定的东西，太有东西了！比如说，我调到中规院（当时为国家城市建设总局城市规划设计研究所）工作，参加的第一个项目是参加泰山规划，对一大片山体的泰山怎么样改造。

访问者：什么时间？1980 年代初？

孙骅声：对，"文化大革命"以后。

访问者：相当于风景区规划？

孙骅声：对（图 3-4）。当时整个泰山规划的负责人是魏士衡，院里几个所抽人参加做这个项目。

我们做泰山规划，内容很多。一个是所谓游线，那里从地面起有一千多个台阶。

游线中间有几个庙，怎么样维修呢？走到半山中间，一块平地大家可以坐那儿吃面条，那个地方怎么改进呢？再往上爬，就到了一个大的庙，那个神仙雕塑有女人似的面孔，再往上面爬有宾馆，游客在那儿住一夜，第二天早上起来可再爬一小段观看日出，这一条线走完了，可从另一边非正式的台阶走下来，走到泰山的后门了。那时候还没有缆车，都是靠人走。魏士衡领着大家上下走，他当时要求严格，说话挺冲的。

访问者：魏先生在今年（2016 年）9 月 26 日去世了。

孙骅声：是吗？真是遗憾。当时魏士衡虽然瘦，可是身体挺有劲道，我们刚爬一半，他就走下来了，并说："你们怎么才走到这儿，我已经第四趟了，年纪轻轻的，腿脚走得快点，到上头别在旅馆睡觉，跟着就下来！后面可以下来的"。我们说："好、好、好！"他过世了，很遗憾。金经元①因脑病也已经不明白了，不大认识人了。

访问者：金先生失去记忆了。

孙骅声：他住在 8 号楼，我家的楼上。现在我住的这个房子（西城区太平街的住处）不是我的，是我太太工作在中央芭蕾舞团的房子，因为她生病了，我在这儿伺候她。魏士衡的爱人还在吗？

访问者：不在了。

孙骅声：两个人都走了，太遗憾了。金经元的爱人我还经常见到，就住在 8 号楼，我家的楼上，我有时候上去看她。早些时间金经元还认识我呢，说我会弹钢琴。后来他就不能比划这个手势了。他太太说："他不认识你了。"多可惜！

我给你讲一个笑话。金经元有个儿子，小的时候身体特别壮，只有这么高（手势），噔噔噔噔跑到咱们规划院办公楼里，他把办公室门一开，我就说一句毛主席的诗词："金猴奋起千钧棒"②。他就知道我是说他，就噔噔噔地跑过来，拿着小锤子叮当叮当地打我。我说：这可是毛主席的诗词，你是不是金猴？后来，

---

① 金经元，1931 年 3 月生。1949—1953 年，在上海复旦大学 / 沈阳农学院园艺系园林专业学习，毕业后分配至建筑工程部城市建设局工作。曾任中国城市规划设计研究院历史与理论研究所所长，1996 年退休。主要著作和译作包括：P·霍尔著《城市和区域规划》（原著第 1 版，与邹德慈合译，中国建筑工业出版社，1985 年出版）；《社会、人和城市规划的理性思维》（中国城市出版社，1993 年出版）；《近现代西方人本主义城市规划思想家——霍华德、格迪斯、芒福德》（中国城市出版社，1998 年出版）；E·霍华德《明日的田园城市》（商务印书馆，2000 年出版）等。

② 毛泽东诗词名句"金猴奋起千钧棒"出自《七律·和郭沫若同志》，该诗作于 1961 年 11 月 17 日，全诗内容如下：
一从大地起风雷，便有精生白骨堆。
僧是愚氓犹可训，妖为鬼蜮必成灾。
金猴奋起千钧棒，玉宇澄清万里埃。
今日欢呼孙大圣，只缘妖雾又重来。

金经元也知道了，他说：你给我儿子起外号，驳都没法驳你。他怎么不生气呢。我说："是、是、是！"

后来，这个小男孩儿长大了，就在北京动物园附近一个机构里研究动植物什么的，经常给他爸爸拿药。现在当然长大了，是大人一个了。他有时候回来看看他妈妈，给他爸爸送点药。可惜金经元已经不认识我了！

八、城市规划 = 要钱规划？

孙骅声：中国城市规划设计研究院的前身是城市设计院，最早是城建部的下属机构，城建部的部长当时是万里。城市设计院最早是为了编制城市规划而设立的一个机构，后来被取消了。为什么取消了？因为当时认为城市规划是"要钱规划"。

那时候，各个城市、各大企业编完了规划以后，就拿着规划到北京来，找李富春[①]要投资。李富春当时是国务院副总理兼国家计委主任，他负责拨款，所以各省的书记、市长就拿着规划去找他——就说这是北京的规划机构给做的规划，要建设，没投资怎么行？就要钱。弄的李富春发脾气了，他就起了个外号，他说：你们做的规划，实际上就是"要钱规划"，拿这个规划到我这儿要钱。他说：你知道吗？我们国家刚刚解放不久，我们缺少资金，你们拿这种规划到国家计委要钱，跟国家的经济情况背道而驰……李富春不止一次批评，也批评城建部和城市设计院，还有搞规划的同志。

那么，国营机构缺投资，李富春那儿不给，他们上银行贷款行吗？不行。那时候的银行是国家机构，国家有什么拨款就让银行来做，相当于是行政部门。早年的银行还不是企业，不允许贷款。那时候银行根本没这个职能，银行等于是替国家算账的，怎么能把国家的钱拿出来借给各省市呢，这是不行的。同时，也没有投资进款，国外投资更不用说了，早年根本没有。这是从城市设计院，附带讲到了银行。

访问者：1960 年李富春副总理提出"三年不搞城市规划"之后，很快又遇到了"文化大革命"，"文革"期间您在哪里工作？受到一些冲击没有？

---

① 李富春（1900.5.22—1975.1.9），湖南长沙人，1919 年赴法勤工俭学，1925 年回国参加北伐战争，曾任北伐军第二军代表兼政治部主任、中共江西省委代理省委书记、中共江苏省委代理省委书记、中共广东省代理省委书记等。1931 年任中共江西省委书记。1934 年参加长征，任红军总政治部副主任，红三军团政委，到达陕北后任陕甘宁省委书记。抗日战争时期，曾任中共中央秘书长、组织部副部长、财政经济部部长、办公厅主任。解放战争时期，曾任中共中央西满分局书记、中共中央东北局副书记、东北人民政府副主席、东北军区副政委。中华人民共和国成立后，曾任中央人民政府政务院财政经济委员会副主任、重工业部部长、国家计划委员会副主席、科学规划委员会副主任、国务院副总理兼国家计委主任、国务院工交办主任等。第七至十届中央委员，第八届中央书记处书记、政治局常委，第二至四届全国人民代表大会代表。

图 3-5　孙骅声先生在 1990 年代的一张留影
资料来源：孙骅声先生捐赠的图书资料 [Z]．（中国城市规划设计研究院图书馆收藏）

图 3-6　孙骅声先生陪同外国同行在深圳调研考察留影
注：左 6 为孙骅声。
资料来源：孙骅声先生捐赠的图书资料 [Z]．（中国城市规划设计研究院图书馆收藏）

孙骅声：　"文化大革命"期间，工作单位（建工部建研院）的业务完全停止，我们只参加接待"红卫兵"和"红小兵"大串连的后勤工作。

　　　"文化大革命"后期，我随建研院的同事一起，到设于河南省修武县的建工部"五七干校"劳动。1971 年"毕业"后，被分配到北京市第五建筑公司技术科工作。1979 年后，我又被调回建工部，先后在国家城建总局城市规划设计研究所和中国城市规划设计研究院工作，担任中规院详细规划所的副所长（图 3-5 ~ 图 3-7）。

图 3-7 孙骅声先生与年轻同志在一起（1990 年代）
注：右 2 为孙骅声。
资料来源：孙骅声先生捐赠的图书资料 [Z].（中国城市规划设计研究院图书馆收藏）

九、长沙、株洲、湘潭的区域发展规划

访问者：孙先生，改革开放以后您主持了好多比较有名的规划项目，比如深圳福田中心区设计、罗湖口岸规划等，还有一些涉外的经历，包括国际招标项目。您现在回顾，哪些作品是您比较满意的？

孙骅声：中国城市规划设计研究院正式组建成立（1983 年）后，我到外地出差的第一个规划编制项目是湖南省"长沙、株洲、湘潭的发展规划"，那是我第一次以区域发展的眼光认识和分析多个城市的整体发展。其次才是深圳等一些城市的规划设计工作。

访问者：可否请您讲一讲"长沙、株洲、湘潭的发展规划"的有关情况？

孙骅声：当时，湖南省和长沙市邀请了很多国外设计、规划和发展机构的外国代表到长沙开会、座谈。我记得当时曾向湖南省的组织方建议：在这些外国人中，可能绝大多数还没来过中国，所以应当首先带他们参观一下相关的区域。这个建议得到了湖南省政府有关领导的认可。

第二天，外国代表原以为是要来开会，都西装、领带革履。我们说："先带你们参观了解具体情况"。他们一听要参观，就兴奋得很，立刻回房间换下西装，其中有好几位还换上了夹克和运动服。大家纷纷上船，沿湘江向下游实地踏勘，其实那三个城市的地理顺序是"长—潭—株"。只因株洲是我国铁路机车的制造城市，十分重要，人们常称"长株潭"。而湘潭是由于设立了许多新产业，其重要性增长，所以也被列入三市的联称。

记得毛主席当年游泳曾停留的湘江橘子洲，也常因江水上涨而被淹没。地方政府要求解决，我曾提出建议："这得下游洞庭湖也参与解决"。后来，当时的水利部门也介入了规划工作。可见，有时有的项目必须要多专业的规划综合，才能解决问题。

在岳麓山脚下，有一个历史上有名的"岳麓书院"，它进门即是中国传统式的园林连廊围合成一个小院落，再往里走就有层层的山坡，环境安静而美丽。我们就建议说："这个地方应该很好地保护，因为是历史文化遗产。如要利用，决不能破坏这里的文物，只能是文化氛围比较强而又安静的一些专业"。当时我心里想的是诸如刺绣（因湘绣是我国四大刺绣，即苏、湘、粤、蜀之一）或绘画专业。

除了上述带领代表参观河道以外，在到达株洲时，代表们爬上一座小山，上面有一座寺庙，里面还有佛爷及神仙的塑像。代表们非常惊奇，纷纷说："想不到机车制造中心里还有这么美好的宗教建筑和塑像！"其实，他们不懂。这恰恰是中国的特点啊，即生产和艺术常是走在一起的。

在株洲，由当时的市长带领，参观了市中心广场。在下午四点半左右，半空中出现了一层绿色的薄雾，经询问，那里是一些工厂放出的污染物，我们这些规划人员立即建议应当赶快解决，因为污染物会引发市民生病。

开始调查的时候是沿湘江而行，回来的时候是坐大巴沿陆路行驶，这样的安排，使外国代表体会到了水、陆两条路线周围的有关情况。

十、参与深圳特区规划工作的简要回顾

孙骅声：1980 年代刚去深圳的时候，中规院有规定，大家轮流去深圳。像我们这样年纪的老同志，每人去一年半，我是最后一个。邹德慈那时候是中规院院长，他对我说：老孙，轮到你了，你再不去就没机会去了（那时我快要退休了）。我说：那我去吧。

我到深圳时，中规院深圳分院的经理是闵凤奎。我做总规划师，后来是顾问总规划师。到深圳以后，我做了很多项目。第一个大项目是罗湖口岸的改造规划，差不多做了三年，基本上每天都到罗湖口岸去上班。罗湖口岸做完了以后，那时候深圳有一个副市长叫李传芳，她对我说："老孙，我看你挺适应我们这儿生活的，调到深圳来吧！"我说我是听从分配的，调不调这儿来，我哪能表态呢。她就说："行，那我上北京跟你们邹德慈院长说去。"

后来，李传芳副市长到北京开会，果然到中规院去要我。这时候有个插曲，一位部领导给中规院打过招呼：如果深圳想上中规院调人，一个也不许给。李传芳到北京来要我，邹德慈院长哪敢答应？可是，又不愿意得罪深圳的领导——我们有一个分院在那儿，好多规划设计项目都是人家委托的。怎么办？

邹德慈脑子非常聪明，想法一转弯，就说："这样吧，原则上，我们院里这些

老同志都不借出去的，但只要他愿意做事而还能做事的，我们也让他出差做事，孙骅声就属于能做点事也愿意做的"。那时候，我年纪还不算太大，可以出差。最后商量的结果，邹德慈院长说："这样吧，你们一定要这个人帮你们做点事，还有这么多项目给我们，我们让孙骅声'借聘'吧，不要说'借调'。如果你要说'借调'，我就没法向部领导交代了"。李副市长说："那行，就借聘吧。"后来，总院有些人不知道这个情况，以为我就是正式被调到深圳了。其实没有，是"借聘"，不是"借调"，他们搞错了一个字。回到深圳以后，深圳市的领导说："来我们深圳市规划院当总规划师吧"。后来，我就一直在深圳，深圳市规划局有什么事也叫我，拿我当他们局内的人一样用，实际上一直是借聘。一直到现在，我还是中规院的人，关系是在院里（图3-8～图3-10）。

我去深圳一年半时间后，没有按原计划回北京。我先在中规院咨询中心工作，后来在深圳市规划院工作了将近二十年，参与过的具体项目就多了，罗湖口岸规划、福田中心区规划、华侨城规划等。华侨城规划是周干峙布置的任务。那时候，正好要过年了，我说：周部长，我能不能过年以后再去？他说：不行，立刻动身。当时，有王富海，还有一个女同志——戴月[1]，我们三个人立马就去了。华侨城规划，我参加了一段很长时间的工作。那时候，华侨城从新加坡请来一个新加坡籍华人孟大强，做他们华侨城的顾问。这个人很能干，十几岁时独自一个人跑到欧洲去，在那儿工作了八年。孟大强等于是我们的甲方，我们做什么规划，那些基调都是他在主导（图3-11、图3-12）。

孟大强有很多规划思想，今天都值得说一说，比如他说：深南大道是我们城市的干道，干道两旁不能都布满了商店，这么多汽车和人，这条路交通能好吗？那怎么办？开个支路，把人和车引到华侨城里面，餐厅、超市都在里面，不许沿街放。

新加坡要开汽车到超市里买东西、下饭馆吃饭什么的，得有另外一个卡，有这个卡，给警察一看，就允许进去吧！这样车子才能进到市中心里，才能吃饭、请客、买东西。孟大强说，新加坡这么点的小国都这么管，深圳的汽车随便来回开是绝对不行的。总之，这位孟先生真是好样的。

孟大强在华侨城那儿工作了八年，就回新加坡去了。深圳市有个国家级的招商局，要建一个大高楼，是他们的总部，周围也要设立一些项目，招商局的领导是清华毕业的，看上孟大强了，问我认不认识孟大强，我说认识。我有他的名片和地址，我就与孟联系说，某某地方请你来再顾问顾问，他真来了，又在招

① 戴月，天津大学建筑系建筑学专业1977级本科生，1981—1984年继续师从沈玉麟教授，获得城市规划与设计专业硕士学位。曾任中国城市规划设计研究院副总规划师，教授级高级规划师。

图 3-8　孙骅声先生和邹德慈先生的一张合影（1990 年代）
注：左为邹德慈，右为孙骅声。
资料来源：孙骅声先生捐赠的图书资料[Z].（中国城市规划设计研究院图书馆收藏）

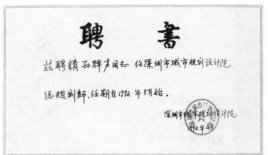

图 3-9　深圳市城市规划设计院给孙骅声先生颁发的聘书（1992 年 4 月）
资料来源：孙骅声先生捐赠的图书资料[Z].（中国城市规划设计研究院图书馆收藏）

图 3-10　深圳市城市规划委员会第七次会议留影（1996 年 12 月 10 日）
前排：许重光（左 1）、顾惠达（左 4）、孙骅声（右 5）。
后排：司马晓（左 2）、吕迪（右 8）、李白玉（右 7）、王富海（右 2）。
资料来源：孙骅声先生捐赠的图书资料[Z].（中国城市规划设计研究院图书馆收藏）

商局做了两年。

还有一个项目是"南油"。咱们国家进行石油勘测时，查出来深圳口岸的西边地下有石油，大家高兴得不得了，迅速成立一个机构，叫南方石油公司，简称"南油"。这个机构设在华侨城的南边，占有挺大一片地方，后来又有了好多项目。如学校、居住区等（图 3-13 ~ 图 3-19）。

后来，证明不对了，深圳西边没有石油，南油不行了，南油机构也得取消。可是南油的领导不愿意取消，里面有四个领导是深圳市市政府的顾问，这四个人原籍都是广东，不愿意放弃这个位置，最后市里也有领导来批评他们："你们为了自身的权利，不放弃是不对的。"

我在深圳还经手了好多港口项目。蛇口港最早，规模最小。还有妈湾港、赤湾港等。特别值得一提的是，妈湾港上有林则徐禁烟抗英的地面武器装置的遗迹。

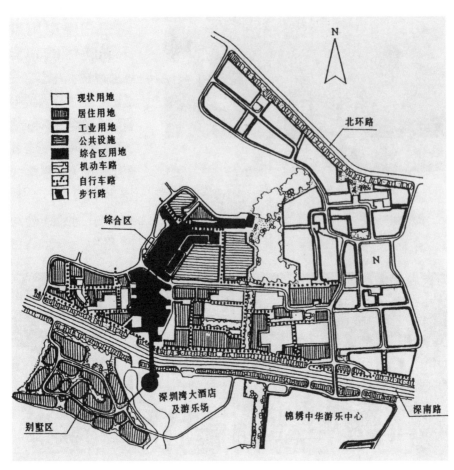

图 3-11　深圳华侨城用地结构控制示意图
资料来源：城市规划精品集锦：中国城市规划设计研究院规划设计作品集 [M]. 北京：中国建筑工业出版社，1999：
101.

图 3-12　深圳华侨城鸟瞰图
资料来源：深圳市人民政府新闻处 . 深圳经济特区创办十周年纪念册 [Z]. 1990：35.

广东省深圳市经济特区

深圳市福田中心区城市设计指南

第一、二分册提纲目录

深圳市城市规划设计院

福田中心区城市设计（指南）

调研提纲

1994.8.17

深圳市城市规划设计院

BRIEF INTRODUCTION OF THE PLAN FOR FUTIAN CITY CENTRE OF SHENZHEN

The city centre system of Shenzhen consists of two levels. Futian centre is the one on municipal level with a role of CBD and complemented with civic and cultural functions, while the others are Luohu, Nanshan, Bao-an and Long-gang as sub-centres for city districts levels. (Fig. 1)

I. Futian City Centre (FCC) established by the research on urban development strategy and comprehensive planning

A regional analysis has been carried on for the subject of development trends within five circles, i.e. socio-economic they are west bank of Pacific Ocean, South-east Asia, South China, Pearl River Delta and Shenzhen - Hong Kong. The development orientation was thus defined in a formulation of the physical development for financial operations as a main role with flourishing trade, high-tech and tertiary industries as a base to form a joint-hub with Hong Kong linking mainland and

— 1 —

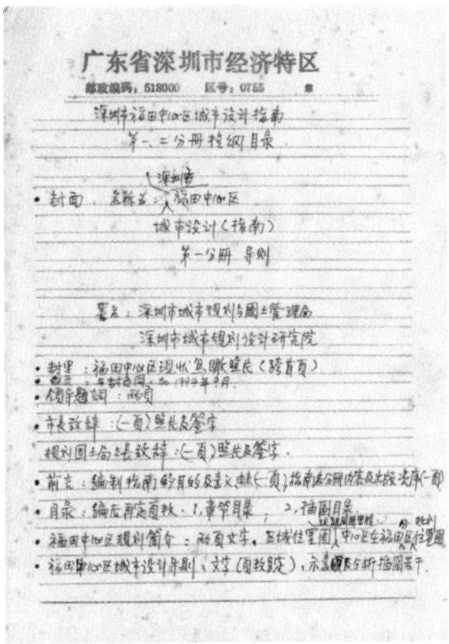

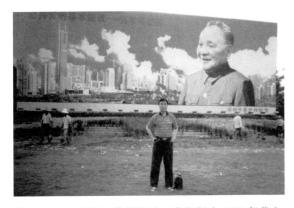

图 3-13　孙骅声先生关于深圳福田中心区城市设计的几份手稿（1994 年前后）

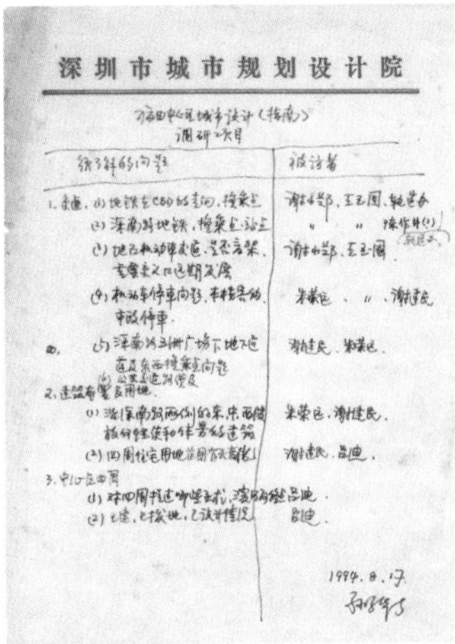

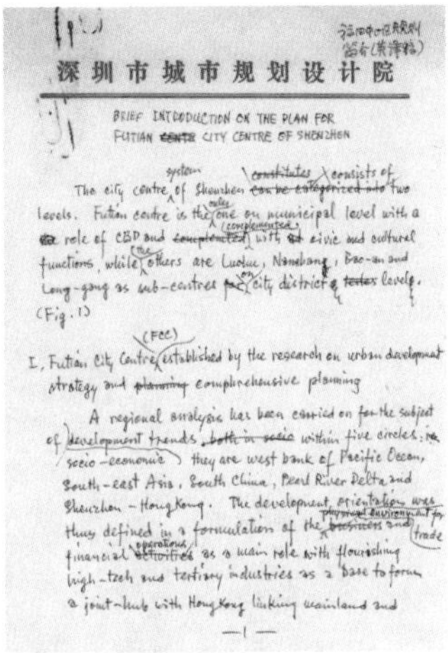

注：自左至右依次为《深圳市福田中心区城市设计指南》提纲（首页）、《深圳市福田中心区城市设计（指南）》调研提纲（首页）和《福田中心区规划简介》英译稿（首页）。

资料来源：孙骅声先生捐赠的图书资料 [Z].（中国城市规划设计研究院图书馆收藏）

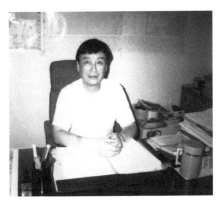

图 3-14　在深圳工作期间的一张留影（1990 年代）

注：拍摄地点位于深南大道和罗湖公园的一个十字路口。

资料来源：孙骅声先生捐赠的图书资料 [Z].（中国城市规划设计研究院图书馆收藏）

图 3-15　深圳规划工作期间在办公室的一张留影（1990 年代）

资料来源：孙骅声先生捐赠的图书资料 [Z].（中国城市规划设计研究院图书馆收藏）

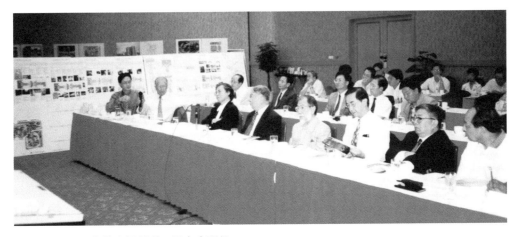

图 3-16　深圳市某次规划项目评审会现场

注：前排左 4 为吴良镛，右 2 为周干峙。

资料来源：孙骅声先生捐赠的图书资料 [Z].（中国城市规划设计研究院图书馆收藏）

图 3-17 深圳规划工作者的一张留影（1990 年代）
注：左1为孙骅声，右1为陈应生，中为陈应生夫人。
资料来源：孙骅声先生捐赠的图书资料[Z].（中国城市规划设计研究院图书馆收藏）

图 3-18 在深圳工作期间的一张个人留影（1995 年 11 月 18 日）
资料来源：孙骅声先生捐赠的图书资料[Z].（中国城市规划设计研究院图书馆收藏）

另外，明朝时有一个年轻的小皇帝因明朝灭亡而来蛇口跳海了，大臣也要跟着跳海，后来一想：不行，我要是跳海了，我们俩人这段事就没人知道了。怎么办？就把小皇帝捞上来，在妈湾旁边，设立了一个坟地，把小皇帝埋在那儿，后来他也死了，在那儿附近也有他的坟。

赤湾是另外一个故事。赤湾港的领导是留学英国的一个博士，回国以后说，不能再实行计划经济了，他是深圳市反对计划经济的第一人。他说：我这个港口有什么活儿，让我的手下到外面揽活儿来，不需要国家给我下计划命令，也没人能给我下运输的命令。港口这个活儿，就靠下面的人去外面找。目前这个港口现在还存在。

图 3-19　深圳规划工作者的一张留影（1990 年代）
注：左 4 为胡开华，左 5 为孙骅声。
资料来源：孙骅声先生捐赠的图书资料[Z].（中国城市规划设计研究院图书馆收藏）

再有一个是深圳东边的盐田港，这个港口更厉害了，本来水深特别深，岸上没有多少陆地，当时的领导就问我："老孙，你看怎么办？"我说："这得有地才行啊，光靠海水怎么好，集装箱上来往哪放？"正好后面有个矮山，我说："炸了！"他说："行吗？"我说："行！"这里没人，也没有农村、没有产业什么的。一炸，出来整个一大片平地，集装箱和大吊车就设在里面了。下面就是马路，一直通到东边沙头角，那是游泳的地方。这也是我经手出的主意——炸掉。环境保护的问题我当然清楚，但是，也要具体分析，舍不得这点儿，集装箱往哪儿放？

这个事完之后，来了香港大财团的李嘉诚一看，说这个地方好：有戏！就在这儿成立一个公司，叫盐田国际。深圳市政府的成员说：这个地方可发大财的，不能让香港李嘉诚一家拿走，咱们也成立一个。一个叫盐田国际，一个叫盐田，两个公司。成立公司以后，港口就兴旺起来了，这个地方的水深特别深，10 万吨的轮船都可以自由进出，还增加了很多土地，把集装箱和散货码头也搁在它旁边，四周都是水面，很安全。

在盐田港，我还做了几件事，包括土地、港口等。再往东边就是可以游玩儿的地方了——大、小梅沙。可是，英国人投资一个大的五星级宾馆被设在沙滩上了，就把游泳、晒太阳的人挤得没有地方待了。这个宾馆到现在还在那儿搁着，我还住过两个晚上，相当的高级，可惜搁错了地方。所以，深圳的外资建设中也是有败笔的。

在这之前，还有台湾人投资的印染纺织厂，也放在水边了，那时候我举双手反对，最后拆了。五星级的宾馆是英国人投资的，已建成营业，就动不了了，宾馆所占的地方地上原来全部是沙滩。

访问者：关于深圳的皇岗口岸，据说有一个属于中规院的发明，也就是跟香港道路的连接，咱们大陆这边的汽车是在右边行驶，香港是在左边行驶。您清楚吗？

孙骅声：是中规院的倪学成在当时设计的。香港他们那边行车是左行，倪的设计是通过一个转圈，到我们这边就成右行了。口岸需要联检①，联检得有基地，他们的车过来，我们要检查，我们的车过去，他们也要检查，这个叫联检基地。

联检基地里有很多的设施，包括检查有没有毒品，有没有运鸦片什么的。那里有一个"西部通道"，说是西部通道，实际上只是一座桥，跨过深圳河，把香港和深圳联系起来，后来修建了正式的大桥了，往南边走。

在西部通道规划设计评审时，我和香港大学的叶嘉安（曾任香港大学城市规划及环境管理研究中心主任）是评委会的正、副负责人。规划设立了"一地两桥"的货柜车出入境半岛（由人工填海水而成），自蛇口半岛向外填成，进入蛇口住区时改为地下，这是接受了当时30多户居民所反映的意见。罗湖口岸的规划也是我经手的（图3-20）。

还有一个项目，红树林生态自然保护区规划。最早是由一个曾在英国留学的香港人，以及几个英国专家过来给我们指导红树林保护规划应该怎么做。中山大学有个张教授，那时候已经90岁左右了，就把他的著作——很厚的一本书送给我们了。这本书现在不在我手里，可能是在深圳市规划国土委。

张老带了十几个研究生，他们穿了解放军的雨衣，在红树林里摸那些泥，看看有多少青蛙，多少虫子，也在上面观察有多少鸟。若要参观鸟，一般都是不让随便进保护区的，于是我们让管理部搭建了一个棚子，有几个小窗户和狭长平台，有凳子了坐在上面用望远镜看到鸟。红树林保护的秘书处专门有一个小院子，还有一个小博物馆，展品是关于红树林的各种保护和一些模型。其他地方是人们不许去的，去了就会把生物都吓跑了。

---

① 指由口岸单位对出入境行为实施的联合检查。对人员进出境由边检、海关、卫生检疫、动植物检疫。对进出境船舶由边检、海关、卫生检疫、港监联合检查。

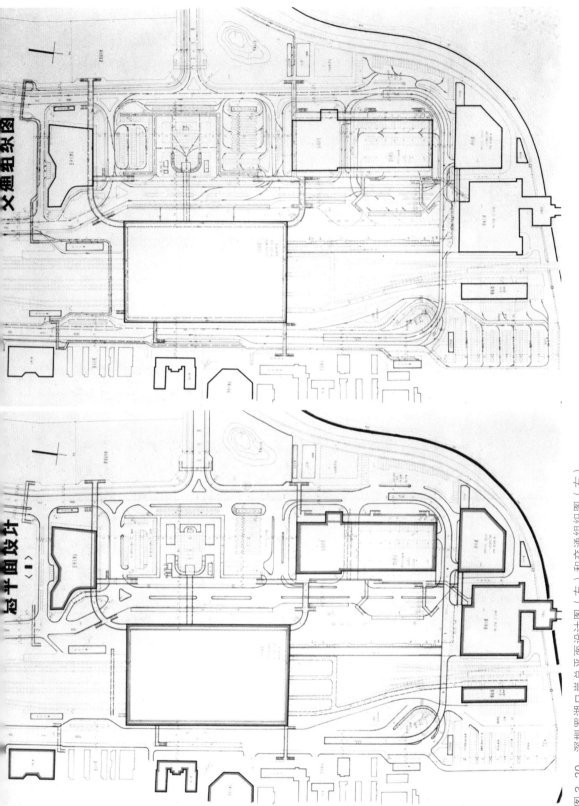

图 3-20 深圳罗湖口岸总平面设计图（左）和交通组织图（右）

资料来源：周干峙先生保存的文件资料 [Z]．（中国城市规划设计研究院收藏）

十一、苏州桐芳巷旧城改造规划

访问者：1988 年前后的苏州桐芳巷规划也很有名，它是您在北京的时候主持完成的项目，对吧？

孙骅声：对。苏州是周干峙的老家，周干峙就找邹德慈，说：现在整个苏州旧城选几个点进行改造，院里能不能派人参与搞规划？邹德慈就把我叫去了："给你个任务，不做完了不许回来。"所以我在苏州整整住了三年。

在这期间，我们主要承担国家投资的居住区建设政策的课题研究，并应建设部科技司进行试点的要求，到苏州进行古城内旧住宅区的改造工作。试点的地方在桐芳巷街区，当时调查了该街区内只能走轿子的十字街传统结构，同时还将苏州传统的多进院落式住宅改造成为单元式住宅，并进行了试点建造和投入使用，以了解效果。

桐芳巷规划，这里的故事就多了。比如说搞调查，用周干峙的话来讲，就叫作只能踏勘，不许骑自行车，也不许坐轿子，要一个门牌、一个门牌地进院子里去看。苏州的建筑是讲究"几进几进"的，即一个院一个院的，一进一进的院子，都要亲自去看。调查完了以后，做出现状分析图，再做规划（图 3-21 ～图 3-23）。那是要求非常严格的，要不怎么待了三年呢。

其中有一个笑话，我讲给你听。有一位老先生，他家的旧住房的一侧有一个亭子缺了一个角，我说你这是什么玩意儿？他对我说：这个东西，你们改造时无论如何也不能给我拆了。我说：这是为什么？他说：我是用半杯白酒换的，唐伯虎曾在这儿给我画了一幅画，这个画我现在还留着呢，唐伯虎的真迹，你们要是一改造，把这个亭子拆了，整个就全完了。我说："好！这个亭子给你留着，这个亭子跟那些个新式的单元式的房子结合起来。"他说："哎哟，那太感谢了。"

苏州有个地方的弄堂，里面的路是个十字形结构的，不是两条路一样宽，在有个地方留出来一块放轿子的地儿。走到这儿，如果对面另一个轿子过来，就会互相顶住了，那好，我轿子先在这个空当里。停着让你过去，然后我再出来。后来，我就跟周干峙讲："这里有个十字弄堂。"周干峙就说："好啊，那么，里面新规划的路也来个十字吧？"那时候又说："只让走轿子，你这儿让走汽车行不行？"我说："行吧"。这边开个大栏杆门，汽车可以开进去，开到那头到外面也是那个马路，也设个铁栏杆门，汽车可以开，两边都可以对开，是个十字。但是这个十字不是老式的，而是新式的，汽车可以开过去。然后，里面分成几个院子。

这样，就把桐芳巷老式的、有特色的空间，在城市改造过程中予以传承并创新

图 3-21 苏州古城桐芳巷现状建筑质量评价图
资料来源：城市规划精品集锦：中国城市规划设计研究院规划设计作品集 [M]. 北京：中国建筑工业
出版社，1999：57.

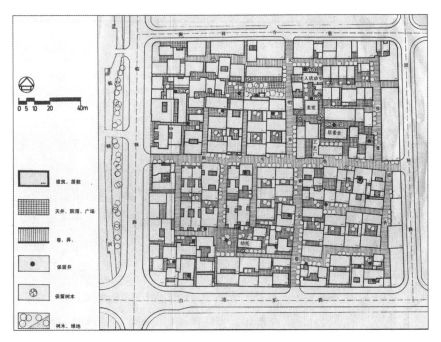

图 3-22 苏州古城桐芳巷居住街坊改造详细规划总平面图
资料来源：城市规划精品集锦：中国城市规划设计研究院规划设计作品集 [M]. 北京：中国建筑工业
出版社，1999：56.

图 3-23　在苏州桐芳巷的一张留影
（1980年代）
资料来源：孙骅声先生捐赠的图书资料[Z].
（中国城市规划设计研究院图书馆收藏）

发展。桐芳巷规划（项目名称：苏州古城桐芳巷居住街坊改造详细规划），曾获得建设部颁布的优秀规划设计二等奖（1991年）。当时与我们一起工作的，还有龚秋霞、罗赤等。这个项目也是值得一提的。

十二、其他一些工作经历

孙骅声：除了上面讲的这些以外，1990年代以来，我还参与过其他一些规划工作，下面简要讲一讲（图3-24、图3-25）。

一是联合国人居中心（UNCHS）曾经想要了解，在东南沿海的一些大城市已快速发展的情况下，中国的中小城市境况如何。这项工作是由国内主办单位（好像是国际贸易部门）主导，要求省市自动报名，其中我介入较多的两个城市：一个是四川的眉山，另一个是广西的柳州。

在眉山，我主要介入了该市小型湿地的保护和为疏散附近成都市增长的人口而建设的小型社区。在柳州，当地规划部门问我，该市的一条河流拐弯时圈出一片半岛型的用地，应怎样发展？我建议可开发成一片市区级的商业和服务业的综合片区。此外，我还参观了当地一些加工厂收购农产品（水果等）后，用车

图 3-24　规划工作者的一张留影
注：左1为孙骅声，右1为李迅，中为珠海规划局总规划师。
资料来源：孙骅声先生捐赠的图书资料 [Z].（中国城市规划设计研究院图书馆收藏）

图 3-25　在上海考察时的一张留影（1990 年代）
资料来源：孙骅声先生捐赠的图书资料 [Z].（中国城市规划设计研究院图书馆收藏）

间的机器将这些水果加工成饮料，使市场售价提高了九十倍，可见工业生产能为农产品提高售价做很多工作。

另外，我还到河南省的一些城市了解文物保护的相关规划与建设，例如有一处地下文物博物馆（设计者是我大学的校友），它的入口就在一般农田旁的地面上，沿小路向前走，不知不觉就走进地下，立刻就见陈列着许多文物，让人眼前一亮。四川也有古代蜀国的出土文物博物馆，其中有出土的金属头部雕塑，五官与我的一个四川籍的同事简直一模一样。

因为我的祖籍是浙江余姚，所以曾被余姚市请去开座谈会。当时深圳大学建筑系主任也是余姚人，也被邀请，还有一位是香港的文物工作者。我们参观了古代先民以木桩打入池塘的水中，上面铺上木板和席子，就在上面睡觉。据说是四脚野兽大部分怕水，就不敢跨水走进这样的棚子，以保安全。还有一个大的棚子，顶部是用草搭成的落地"人"字形屋顶，内部有一排排的模板，据说是古代妇女集体劳作的地方，可见那似乎是古代生产车间的雏形。

以上这些，联合国相关组织内的工作人员和专家都很感兴趣，我曾带领他们参观，还顺便看了几处古迹，如古代的"老子过函谷关"的入口等，参观者都表示惊异，一是古代人的丰绩，二是当地政府一直保存原状到现在，很不容易。另外，在担任中规院厦门分院顾问总规划师时，我曾参加广西靖西的规划，靖西位于中国最南端，其对面即越南境内的高山。当时现场有人工瀑布，需在其下的一处商业街设立服务旅游设施，对面为绿化一条街。有农妇挑着担过来，卖小食品给中方的边防军人。在那里时，我曾给靖西的地方干部办过讲座。

为了吸取国外在历史文化保护和都市设计的经验，地方政府曾派我到意大利和法国考察。在意大利时，曾在罗马旅游参观斗兽场，参考了该国的历史文化保护措施。在巴黎时，我爬上了埃菲尔铁塔，看到了巴黎城市的中轴线。我还参观了卢浮宫，看到了传统建筑加建出入口的恰当方法，即经贝聿铭设计的三角形玻璃厅。在宫内大厅看到了 Mona Lisa（蒙娜丽莎）画的真迹。

在华盛顿，经中美双方协商，合编一套双方专有协议的 glossary（术语表），中方四人曾被美方安排住进山上的高级议员宾馆，在房间的客厅里，每天都备有不同的酒水和点心，客厅内还设有金属推拉门的煤气灶房，中方四人每人一套。这四人即林志群、孙汉甫、张珑和我。

总之，古人云："读万卷书，行万里路"。确实应当如此。

十三、对城市设计的看法

访问者：最后还想向您请教一个问题。最近几年，关于城市设计的话题很热。我在查阅资料的时候看到，您早在 1980 年代就写过关于城市设计的一些文章。我想向您请教：城市设计和城市规划、城市设计和详细规划之间，应当是什么关系？我看您的文章，注意到您提出要分几个层次。

孙骅声：关于城市设计，我写过好几篇文章呢，有的文章跟这个项目结合着讨论，有的文章跟那个项目结合着说。

现在，国内有很多城市设计，做的内容是错的。错在哪儿？他们把城市设计当成城市面貌。成果一出来，头几张图纸就是鸟瞰图，高楼大厦。他们把都市设计做成鸟瞰图和高楼大厦的群体透视图，把这两部分放在规划成果的首页，完全没有反映出公共空间中对公共的需求与安排。全错了。城市设计是做公共空间的，到现在，国内有很多人都不懂。

城市设计这个工作是从西方国家开始的，在 18 世纪中叶出现，为什么会在那个年代开始搞城市设计？那是因为当时的资本主义社会刚刚兴旺，一切都是私有制的，缺少为大众公共服务的设施，为了弥补缺失，因而创造了都市设计的学科，这也间接促进了社会的稳定，更便于统治阶级对市民的统治和管理。中国人不懂。不懂英文也不看原著，人云亦云。把城市设计做成美景如画，高楼大厦。全错了。

国外也有那种人工的公共空间。举一个小例子，将来你如果到美国，一定要去纽约看看，大概每个有半间屋子这么大，架空的小方亭子，上面有小屋顶，里面还有两棵树，有一个桌子、两个椅子，都设在坡地上，再往下顺着山坡走下来几步，又有了亭子，可能是个圆的、方的，或八角的，好几个。随着地形的山坡下来，到最后是个大厅，这个大家伙大得不得了，设台阶式座位一排一排地往下退台。迎面有一个很大玻璃窗，大得不得了，可整个看大西洋。这是我亲自去过的，我还拍过照片。

这就说明，不是不能够搞美观。然而，搞美观的前提是要先搞公共空间，让人们可以在公共空间里边走，可以休闲。若有历史的、古老的东西也可以拿来摆一摆。这些东西都不做，就弄几张什么鸟瞰图，高楼大厦，说什么城市设计？纯粹是唬人。全错了。

1990 年代以后，中规院深圳分院派我去过几次香港大学城市规划与环境管理中心（CUPEM），主要是为了了解和学习国外的规划体系，包括下列几点：

（1）国外的规划体系（Urban Planning System）与我国的规划体系有何异同。我写过一些内部的报告和吸取哪些国外体系优点的建议。

（2）"城市发展策略"的引进。介绍了 Urban Development Strategy（城市发展策略）的做法，它不同于国内的总体规划，以 4 ~ 5 年为一个周期，到期必须补充或调整，它是为长期发展规划而制定的。英国则称为结构规划（Structure Plan），这里所列的"结构"不是指建筑工程结构，而是远期发展中不同目标的"构成"。

（3）城市设计的认识。Urban Design 的英文原意应是"都市设计"，即指相对于农村，对都市环境进行公共空间的创造，并符合都市人在空间中活动的规律。

我编过一本图册，里面还有我们一开始在深圳市做的城市设计。我们先做深圳市的公共空间，先搞调查，调查完了以后，第二步做公共空间的规划，第三步再做人在公共空间里的活动和各种指标，然后才做规划呢。

我到外面开会，说话时都得留有余地，要是真的把真话都说出来，就把同行都得罪了。因为人家是画山水的，画高楼大厦的，你对他们来讲另外一套，说他们搞得不对，合适吗？

我带着这样的认识，在国外有意识地参观过几个所谓的城市设计的实例。有加拿大的、有美国的，我都去看过。他们所谓公共空间，尤其是突出 Public（公共）这个字。公共是怎么个公共法？他们的专业名字又叫 Urban Design（都市设计），Design（设计）什么？中国人不懂，不知道 Urban 这个字不是"城市"的意思，Urban 是都市，即与农村要有所区别。

为什么它不叫 City Planning（城市规划），而是叫 Urban Design（都市设计）？它为什么不叫 City Design？有的美国人写文章叫 City Design，同行就笑话他，说你根本没有搞懂：这是 Urban Design，不是 City Design。所以，美国也有人写的文章是胡说八道的。

我到后来有一套光盘，讲座录像，其中有一讲就是专门讲都市设计的，还有两次专门讲深圳、香港等地方的都市设计的实例。为什么人家做的我承认是 Urban Design，你们做的就不是？因为你画的是高楼大厦，这是两码事（图 3-26、图 3-27）。

我建议你们年轻人，趁着腿脚利索，赶快到外面看看真正的 Urban Design 是什么，照个像来，画下图来，也把人家文字的东西一起用美元买下来。不能再这样糊涂下去。现在外国人笑话我们，我们请人家来做招标投标什么的，中国人跟着一讲 Urban Design，讲的满是景观，人家没法笑话你。外国人说：行啊，你要这个，我可以做。根本不给你校对，不给你纠正，你不就要这个景观吗，行，我就给你做景观。人家心里实际上是在想：你这要的哪是 Urban Design？！

图 3-26　孙骅声先生主持国际学术会议（1990 年代）
资料来源：孙骅声先生捐赠的图书资料 [Z]. （中国城市规划设计研究院图书馆收藏）

图 3-27　孙骅声先生捐赠图书资料整理工作现场（2017 年 12 月 1 日）
注：左为吴九蕊，右为张靖，均为中规院图书馆工作人员。
资料来源：张靖提供。

图 3-28　拜访孙骅声先生留影

注：2017 年 11 月 22 日，北京市朝阳区东方综合养老院，孙骅声先生房间。右 1 为张靖。

　　说到这个话题，我就发牢骚了。今天时间已经不早了，就谈到这里吧（图 3-28）。

访问者：好的孙先生。谢谢您的指导！

（本次谈话结束）

蒋大卫先生访谈

承担深圳规划任务，首先碰到的一个问题就是怎么定位，经济特区到底是什么概念？为什么叫经济特区？……闵行开发区和虹桥开发区都搞得很好，但是，它们只是一个开发区而已，只是城市中的一个"角"，而不是一个多功能的城市。除此之外，还有大连开发区，北京亦庄开发区等，情况大致类似。那么，我们到底要规划一个什么样的特区的总体规划？当时并没有叫"深圳特区城市总体规划"，就叫"深圳经济特区总体规划"。换句话说，当时并没有明确是要搞一个城市。

（拍摄于 2018 年 3 月 15 日）

专家简历

蒋大卫，1935 年 11 月生，浙江嘉兴人。

1953—1957 年，在同济大学都市建筑与经营专业学习。

1957 年 9 月毕业后，在中国建筑科学院筹建处参加工作。

1958—1966 年，在建筑工程部建筑科学研究院工作，期间于 1960 年 2 月下放湖北省孝感县（今孝感市）明兴人民公社五星生产队劳动锻炼 1 年左右。

1966—1970 年，在建筑工程部 / 国家建委建筑标准设计研究所工作，期间于 1968—1969 年在河南修武建筑工程部"五七干校"劳动。

1970—1971 年，在湖南省基建局工作。

1971—1974 年，在湖南省大庸（张家界）县基建公司工作。

1974—1984 年，在湖南省建筑设计研究院工作。

1984 年 9 月起，在中国城市规划设计研究院工作，曾任深圳咨询中心副经理、总体规划所主任工程师、海南分院总工程师、院副总规划师等。

2000 年 12 月退休。

2001 年至 2008 年返聘在中国城市规划设计研究院总工室继续工作。

2017 年 5 月 24 日谈话

访谈时间：2017 年 5 月 24 日上午

访谈地点：北京市海淀区阳春光华小区，蒋大卫先生家中

谈话背景：《八大重点城市规划——新中国成立初期的城市规划历史研究》一书和
　　　　　《城·事·人——新中国第一代城市规划工作者访谈录》第一、二、三辑正
　　　　　式出版后，于 2017 年 5 月初呈送给蒋大卫先生审阅。蒋大卫先生阅读有关
　　　　　材料后，应访问者的邀请进行了本次谈话。

整 理 者：李浩

整理时间：2017 年 11 月 24 日

审阅情况：蒋大卫先生于 2018 年 3 月 2 日初步审阅，3 月 14 日补充，3 月 15 日定稿

蒋大卫：我看了你写的这几本东西，觉得很好，做得很踏实、很细致、很认真。现在年
　　　　轻人都不愿意做这样的工作，你开了很好的头，在我们院里树立了榜样，希望
　　　　你的工作今后能继续开展下去。

　　　　我们国家在抗美援朝结束以后，第一个五年计划期间重点搞建设，东北是一个
　　　　大头。东北靠近苏联，又有较好的工业基础，比如沈阳原来"铁西工业区""一五"
　　　　期间的沈阳黎明厂、长春汽车制造厂、吉林化工厂、哈尔滨电机厂、富拉尔基
　　　　重机厂和抚顺煤矿等，都是"156 项工程"。东北地区环绕这些项目做了大量
　　　　的城市规划工作，苏联专家也协助做了大量选厂、建厂工作，以及城市规划工作。
　　　　东北的技术力量很雄厚，也一定会积累大量的资料。所以，今后你若继续从事
　　　　城市规划史或有关研究，东北地区是不可缺少的。同时，北京、上海、广州这
　　　　些地方，在城市规划方面也有很多内容可研究。

图 4-1　蒋大卫先生回上海参加
母校同济大学百年校庆期间，在
上海洋山港的留影（2007 年 5 月）
资料来源：蒋大卫提供。

　　另外，中国"一五""二五"期间的规划，有些规划做得不一定好。我去过兰州、
包头、太原、富拉尔基等城市，明显感到苏联规划模式的某些缺陷。从事城市
规划的历史研究，需要全面客观反映规划工作的经验和教训。

李浩（以下以"访问者"代称）：好的。蒋先生，谢谢您的建议。

一、教育背景

访问者：蒋先生，您是从同济大学毕业的，1953 年入学的，对吧？

蒋大卫：对。

访问者：据说当年同济大学除了建筑系之外，还成立过一个城建系，城市规划专业在这
　　　　两个系调整过。您记不记得城建系是哪一年成立的？当时您是在建筑系，还是
　　　　城建系？

蒋大卫：我刚入学的时候是在建筑系。当时建筑系下面有两个专业，一个是建筑学，一
　　　　个是都市建筑与经营。我考入大学以后，经过几天的学习，就把我分到了都市
　　　　建筑与经营专业。什么叫都市建筑与经营？都不了解，我本来是一心想学建筑
　　　　的，但大家都服从分配（图 4-1）。

　　　　开始专业学习以后，我觉得这个专业还是不错的，仍是在大的建筑学范畴里面，
　　　　我们学的建筑方面的课程甚至比建筑学专业还要多。有时候，我们也跟建筑学
　　　　专业的同学一起上大课。我们都市建筑与经营专业的同学有 60 人左右，他们
　　　　大概有 90 人，150 人左右一起上大课，我们跟他们这一届相当熟悉。后来专业
　　　　归入了城建系。到 1960 年代初，专业名称变成了"城市规划"，又并入了建筑系。

访问者：您当时在学校学习的时候，听金经昌先生讲过课吗？

蒋大卫：金经昌是中国城市规划的先驱，他从德国留学回来，开始在上海工务局工作，

图 4-2　在武汉开会期间，同济大学校友合影（1984 年）
前排（下蹲者）：张兆书（左 1）、何善权（左 2）、吴楚河（左 3）、顾奇伟（右 2）。
后排（站立者）：周关康（左 1）、王治平（左 2）、孙克刚（左 3）、蒋大卫（左 7）、严仲雄（左 8）、赵邦
炤（左 11）、邹德慈（右 10）、蔡诗言（右 9）、雍嘉晰（右 8）、郑朝燊（右 7）、杨律信（右 4）、张定一（右
3）、陈晓丽（右 2）、顾林（右 1）。
资料来源：蒋大卫提供。

后来到同济大学任教，他培养了很多学生，桃李满天下，对中国城市规划的贡
献是非常大的。我们的城市规划课程完全是他教的。

访问者：课程名称是"城市规划原理"吗？

蒋大卫：当时没有教材。《城市规划原理》这本书是后来才有的。金先生自己编的有讲义，
没有教材。他学术渊博，工作严谨，讲课既风趣幽默，又生动，有时则显得严肃，
他为人做事是广大城市规划工作者应该学习的。

在规划界，大家都很尊重他。举个例子，改革开放以后，中国城市科学研究会
有一次在武汉开会，当时我代表湖南去参加了（图 4-2）。在会议期间，组织
了很多讲座，有一天晚上是金经昌先生的讲座。那个房间不是很大，坐满了人，
别的讲座就没什么人去听了，大家都来听他的讲座，连门口都站满人。

当时我坐在靠前面的位置，我看到，金经昌先生一进房间，吴良镛先生就迎过
去了，对他说：金先生，我今天来听您的讲课了，我当您的学生。金先生说：
不要不要，你在跟我开玩笑了。

访问者：当时金先生讲座的内容是什么呢？

蒋大卫：他讲区域规划，介绍德国的区域规划。他讲德国的区域规划怎么做，首先是研
究区域范围内环境生态的问题，进而再研究区域的基础设施，包括交通、水系等，
继而再研究城市布局、产业等问题。这大概是 1980 年代初的时候，这些规划理
念在那时还是很领先的，把生态环境放在首要位置来研究，大家还不是很理解的。
金经昌先生后来也在各种不同场合讲课，也讲城市规划。他很讲道理，但有时

也批评，而且不留情面，有点像周干峙先生的风格。

访问者：据说他是规划界的"三大骂"之一。

蒋大卫：他很严厉，但说话很幽默，很风趣，他还放幻灯，举很多例子，他的批评很难反驳的。在学校里，他对学生们很好，亲自检查你的笔记记得好不好，因为当时没有教材。

我们的建筑初步课程是冯纪忠先生教的，冯先生是从奥地利留学回来的。当时同济大学的教学大纲是苏联的，但那些教授中，包括吴景祥、冯纪忠、金经昌、黄作燊、哈雄文、罗小未和陈从周等，有英国、法国、德国、美国和中国等各个国家的教育背景。教学计划是苏联的，教授大都是留学英美的，很有趣的结合。直到现在，同济大学仍然有这个特点：多元文化。

二、在中国建筑科学院筹建处参加工作之初

蒋大卫：1957年大学毕业后，我被分配到中国建筑科学院工作。1955—1956年前后，我们国家整个经济形势非常好，各项建设蓬勃发展，迫切感觉到，城市规划，以及工业与民用建筑等学科都需要开展系统的科学研究工作。为此，国家决定要成立中国建筑科学院。这个机构与后来的建研院（建筑工程部建筑科学研究院）还不是一回事，当时没有"研究"这两个字。后来中国建筑科学院又改叫国家建委建筑科学院。

另外，在1955年，国家还曾经组织了全国著名的科学家，制定了国家十二年（1956—1967年）的科学发展长远规划，包括各行各业，其中有建筑和城市规划。建筑和城市规划领域的第一项任务编号为"3001"，这个项目的名称叫"区域规划编制理论与方法的研究"，是一个国家级的课题，全国性的重点科学研究课题，这个课题的研究任务就落在国家建委建筑科学院下面。

我参加工作时，国家建委建筑科学院还没有正式成立，只是一个筹备处，叫中国建筑科学院筹备处，后来叫国家建委建筑科学院筹备处。当时没有任命院长。据说建筑科学院的院长本来是要让某位副总理来担任的，院址已选好，就在今钓鱼台国宾馆东面，即后来为物资部的那块地。但到1957年末形势就变化了。国家建委建筑科学院的筹备处设在三里河国家建委的办公楼，由三个老干部主持：一位是张文全，一位是崔乐春，一位是吴洛山。张文全抓全面，崔乐春抓行政人事，吴洛山抓业务。当年，筹备处从中国科学院土木与建筑研究所（在哈尔滨）及冶金部建筑科学研究院抽调技术人员，以后又在1956年、1957年两年里补充了一部分大学毕业生，组成了一个近百人的筹建单位，并开展了城市规划与建筑等领域的研究工作。

图 4-3　规划工作者的一张留影
（1959 年）
前排：张孝存（左 2）、黄均德（右 1）。
后排：常青（左 1）、吴洛山（右 1）。
资料来源：蒋大卫提供。

筹备处下面成立几个研究组（不叫"研究室"），其中一个就叫"区域规划组"，
组长为林志群，他是周干峙在清华大学的同学（比周干峙低一个年级）。林志
群是非常有才华的一个人，后来担任过城乡建设环境保护部科技局局长、住宅
局局长、政策研究中心副主任等。可惜他很早就去世了。

我是 1957 年秋从同济大学毕业，分配到这个单位参加工作的。我记得报到那天，
正好赶上单位开批判"右派"分子会议，接待我的同志对我说：你先到城里逛
逛吧，等晚上回来我们再给你安排住处。

三、波兰专家萨伦巴在杭州指导区域规划工作

蒋大卫：我参加工作十来天以后，吴洛山就跟我讲：你去杭州出一趟差吧。那时候，由
城市建设部牵头，城建部下属城市设计院具体组织，请了一位波兰专家，叫萨
伦巴，到杭州做区域规划工作。这项工作，领头的是程世抚，下面就是周干峙、
郑孝燮、谭璟、赵光谦、张绍樑，以及城市设计院的一些同志。

我是建筑科学院的人，而杭州的活动是城建部组织的，不是一个系统的，吴洛
山为什么要派我们参与呢？他说：你们刚分配来，大部分是搞城市规划的或者
是搞建筑的，对区域规划不了解，马上搞研究，怎么研究呢？所以先去实践一下，
参加一个区域规划，积累一些经验。

大概在 1957 年 10 月初，我跟张孝存（图 4-3）一起去了杭州。张孝存是南京
大学经济地理专业的，跟我同一届毕业，后来在中规院经济所工作。此外朱钧
珍和单兰玉也参加了。朱钧珍你可能知道，是清华大学学绿化的，1957 年前后

图 4-4　波兰专家萨伦巴在城市设计院座谈会上的发言（1957 年 9 月）
资料来源：李浩收藏。

研究生毕业。单兰玉是我的同班同学，"文革"后去了青岛，任青岛规划局总工、副局长。当年同济大学分到建筑科学院就是我们两个人。

比我们早去的是张绍樑、赵光谦，以及城市设计院的两三位同志。张绍樑负责打前站，比如联系办公的地方，找一些图纸和资料等，但是并没有动手做规划。等程世抚、周干峙大队人马去了以后，才开始按部就班做工作。我和单兰玉，以及城市设计院的一些同志承担规划及图纸，张孝存搞经济分析。萨伦巴专家会俄语，也会英语，也讲波兰语，但英语要更好一些。程世抚用英语跟他交流非常方便。所以他既是区域规划工作的组织者，又是萨伦巴技术上的翻译。周干峙负责具体规划的组织和技术工作（图 4-4）。

访问者：蒋先生，您对萨伦巴专家有什么比较深的印象？据说他当年除了去杭州，还去过上海，您了解这方面的情况吗？

蒋大卫：萨伦巴很有修养，也有学问。严格讲，萨伦巴是个城市规划方面的专家，而当时我们是搞区域规划。在实际工作中，他把相当的注意力放在杭州周边小城镇的规划上。若干年后，我曾经在《国外城市规划》杂志上看到过他写的一些文章，包括他提出的"门槛理论"，一度在中国城市规划界引起反响。改革开放以后，萨伦巴又来过中国，又讲了一些东西，他的儿子也来过。

1957 年来中国的那一次，萨伦巴先是去了北戴河，朱钧珍陪他去的。他为什么要去北戴河呢？因为他想搞一些风景区的规划，或者叫旅游区的规划，所以先去了北戴河。

那时候，周干峙、郑孝燮和谭璟等，都是长期待在杭州的，不是像现在在某个地方待两三天就走了，是全力以赴的，程世抚是全程陪着萨伦巴的。日常生活

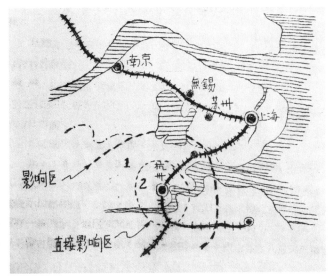

图 4-5　影响区区域规划示意图
注：引自城市建设部城市设计院"关于小区域规划问题——波兰专家萨伦巴教授在九月二十二、二十三日在城市设计院座谈会上的发言"。
资料来源：李浩收藏。

或者其他的事情是高殿珠做翻译。

萨伦巴搞的规划，叫影响区区域规划，对我们来说确实很新颖，跟当时苏联搞的区域规划不一样。影响区区域规划的概念是什么呢？他认为，一个大城市会有它的影响区域，这个影响区域与物流、人流的流量、流向相关，大城市的物流、人流波及的地方，就是它影响区的范围；在一个区域中，哪里人流、物流多，那么这些城市或者城镇的发展就更有活力（图 4-5）。

访问者：当时你们是怎么做影响区的区域规划呢？

蒋大卫：首先是到浙江省及杭州市的商业部门、物资部门、交通部门、计划部门、电力部门等，了解流量、流向，那时候都有统计的，客运量、货运量、商品销售量等都有统计数据。我们把这些统计数据收集起来以后，以周干峙为首，把这些流量用图表表示出来。这些做法跟当时的城市规划工作不太一样，图表画出来以后，可以比较直观地看出来影响的范围，有一定的科学性的。

比如，可以看到哪些城市和镇跟杭州的关系更加密切，再加上对自然条件、地理位置和交通条件等因素的研究，就能确定影响区范围内哪些城镇（包括县城或建制镇在内）应优先发展。可以看出一些苗头来。用现在的话来讲，也就是市场经济中物流和客流是反映社会经济最现实的指标。

划出影响区范围之后，萨伦巴在其中选择了几个重点的城镇，由城市设计院的同志做这些城镇的详细规划，不是总体规划，图纸的比例尺为两千分之一或千分之一。他们到现场调查以后，做出现状图，然后再做规划图，萨伦巴帮着修改。我记得他总穿一身米色工作服，裤后背的大口袋里装着一套各种颜色的马克笔，用马克笔来修改图纸。这是我第一次看到马克笔。修改出来的规划图大都是欧美的模式，不是中国式的，也不是苏联模式的，应该说是与中国现实脱节的。

在杭州工作的过程当中，萨伦巴去了一次富春江。至于去上海没有，我就不太清楚了。我记得，萨伦巴高度评价富春江，水清山绿，风景秀丽，是不可多得的旅游胜地。对一些旅游点，他提出了很多建议，有的是口头说的，有时也画一些图，他一边看一边随手画一些草图。在他的指导下，当时杭州地区做过这么一个影响区的规划。

访问者：就杭州这个城市自身的规划建设而言，萨伦巴发表过什么重要意见吗？当时的杭州市规划，在风景旅游发展和工业发展方面应该有一些矛盾吧？

蒋大卫：杭州市的规划力量是很强的。那时候，杭州市建委有一位王主任，原来我跟他很熟的，后来也多次跟他见过面，但现在想不起来他的名字了，他在杭州规划界很有名，既是行政领导，又懂专业技术，区域规划由他代表市里来张罗。城市设计院的人，建研院的人，还有杭州市的同志，可能还有其他部门的人，大家一起参加搞规划。

听说萨伦巴也看过杭州市的总体规划，也提过意见，但在我印象里，他讲得最多的还是杭州市影响区规划，其中在交通组织等方面提出了一些对杭州市规划的建议。

最后，我们向杭州市汇报过一次影响区的规划。在我的印象中，杭州市并没有很重要的人物来出席这个汇报会。在这个汇报会之后，萨伦巴就走了，程世抚、周干峙他们也走了。最后留下来少数几个人，其中包括我在内，整理那些规划图纸及文件，形成一个比较完整的材料。搞完这些我也回北京了。

访问者：杭州的这项工作，前后有一两个月的时间吧？

蒋大卫：大约有两个月时间，我是 1957 年 11 月底回到北京的。

访问者：您刚参加工作时，主要就是在杭州参加影响区规划研究，对吧？

蒋大卫：我从杭州回到北京以后，还继续做了一段工作。因为萨伦巴回到了北京之后，还要作一个报告，要用到那些图纸，所以需要对那些图纸进一步完善。

在萨伦巴作报告以前，王文克打电话到我们建研院，因为规划图纸在我这儿，他要看一下这些图纸。文字的东西可能周干峙已经给他看了。我和单兰玉两个人把图纸修改完善后，由我送到城市建设部，送到王文克手里。王文克很客气，跟我一起聊了一会儿，问了些工作情况，就说：谢谢你，我再看看图纸。

大概是 1957 年 12 月，在北京都委会（北京市都市规划委员会）大会议室里，萨伦巴作了一次关于杭州区域规划的报告。北京都委会在什么地方呢？那时候，长安街有条小路，叫正义路，像是条林荫路，都委会在那儿办公。萨伦巴在北京都委会做了一次报告，北京市有关城市规划工作的一些单位的同志都去听了。

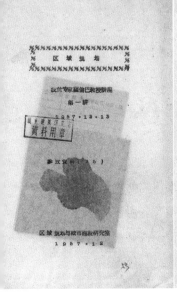

图 4-6　蒋大卫先生整理的波兰专家萨伦巴讲座记录（1957 年 12 月）
注：从左至右依次为封面、首页及尾页。尾页最后一行注有"蒋大卫整理"。
资料来源：区域规划与城市建设研究室．区域规划——波兰专家萨伦巴教授讲座第一讲（1957 年 12 月 13 日）
[Z] //波兰专家萨伦巴的讲话材料．中国建筑科学院档案资料．1957：53-58．（中国城市规划设计研究院图书馆，
案卷号：BQ4）

这个报告会我印象很深，萨伦巴作报告，用的图纸就是我们当时在杭州那里画的图纸，他讲得有声有色，程世抚做的翻译。

我记得王文克参加了这个报告会。萨伦巴讲完了以后就离开了会场。接着王文克讲话，他说萨伦巴的规划是修正主义的规划。这样，一棍子就把这项工作打死了。当然，他也讲了些其他的内容，也肯定大家做了很多工作，认为是一种探索（图 4-6）。

影响区区域规划，用现在的话来说就是以市场经济为依据的，不是计划经济的东西。太详细的内容我记不得了，现在这些资料都不在了。到最后，图纸都被他们拿走了，我什么也没有留下，这一段是这么一个结局。这个是我参加区域规划的第一项工作。

四、"一五"时期的区域规划工作

蒋大卫：建筑科学院承担的"3001 项目"是国家重点科研项目。吴洛山通过一些途径，从国家计委或者是国家建委弄来了一批资料，也就是"一五"期间苏联专家帮助我们所做的全国几个区域的区域规划的文件。我们区域组的同志可以借来看，熟悉苏联专家帮我们做的区域规划究竟是怎么做的。

我记得，当时要搞个西北钢厂，也就是酒泉钢铁厂，因为那里有铁矿，所以做了酒泉地区的区域规划。还有在西南攀枝花地区发现了铁矿，开始时，西南钢厂想放在西昌的，因为西昌土地和水资源条件比较好，又做了西昌地区的区域规划，反复比较了钢铁厂的选址。还有以三门峡水库为背景的区域规划。

另外，就是湖南湘中地区的区域规划，湖南资江上游的柘溪水电站是当时国内规模最大的水电站之一，装机有四十几万千瓦，现在根本不稀奇了，但在当时，四十几万千瓦不得了，所以要配套耗电工业。耗电工业放在哪里？是放在长沙、放在湘潭，还是放在株洲或其他地方？这是区域规划工作需要研究的问题。就湖南而言，当时还有第二汽车制造厂选址的问题，"二汽"也曾经想要在长沙选址。而且一度传说要把长（长沙）、株（株洲）、潭（湘潭）合并成"毛泽东市"，好像是毛主席反对，没有合并成。"二汽"在长沙的选址，后来被否了，但是湘中地区编制了区域规划。

还有茂名，当时在茂名发现了油母页岩，我们国家石油资源很缺乏，要放一个以油母页岩为原料的炼油厂项目（属"156项"），这个厂现在还在。以茂名油母页岩炼油厂的选址为主，也搞了区域规划。

访问者：中规院档案室保存有一批 1955 年前后的区域规划资料。

蒋大卫：建研院也保存有一批区域规划资料。关于这些资料的去向有两个说法：一个说法是在"文化大革命"期间放到某偏远山区的山洞里，后来又拿出来了，那就是还在；另一个说法是已经毁掉了。

访问者：中规院档案室保存的资料是原来建工部、国家城建总局和城建部的资料。

蒋大卫：那就不是同一批资料。"一五"时期的那批区域规划，完全是以苏联专家为主导做出来的，其具体做法到现在也很难评价。在我的记忆中，当时的区域规划工作分两个阶段来做。

第一个阶段是技术分析论证。那些区域规划主要是环绕着资源开发利用展开的，比如大型的矿产资源或者大型的水力资源等，按苏联的理论来讲，这就是生产力的配置，原料产地与加工工业要尽量选择最合理的地方进行配置。这些要在第一个阶段进行技术经济的分析论证。包括放在哪个城市，还是新建一个工业区，铁路、公路等交通线路怎么安排，怎么选择水源，用地的工程准备等，加以分析后，提出推荐方案。苏联的做法是：第一阶段技术经济分析的成果最终要报到上级政府，如果批准了，再开展第二阶段的工作。

第二阶段主要是根据批准的推荐方案进一步做具体的规划编制。我记得，当时的区域规划的图纸并不是很多，深度也有限。引起注意的问题是：这些区域规划与当地社会经济及城镇发展缺少联系，缺乏对地方利益的兼顾。我们从这些文件和批件中，看到有关领导和专家都谈到了这点。这引起了吴洛山的关注。因此，在以后我们参与各省市区域规划中充分注意了相关的问题。

五、转到新组建的建工部建筑科学研究院工作

蒋大卫： 最早，我们是在位于三里河的国家建委的办公楼里办公。后来，机构改革，国家建委被撤销了，国家建委的建筑科学院跟建工部的建研院合并，我记得合并大会是在国家建委大楼的地下会议室举行的。这样，我们合并到了建工部的建筑科学研究院。

建工部的建筑科学研究院是比较早，大概在 1952 年就成立了，当时由汪之力任院长（他是原东北工学院院长，"一二·九运动"参与者），倪弄畔任党委书记，崔乐春、乔兴北、张恩树（后任中国建筑总公司总经理）任副院长。

1958 年夏，我们的办公室就从三里河国家建委办公楼搬到了阜外大街校场口，原建研院市政工程研究所办公楼（今阜外医院西侧），那时城市设计院在阜外大街南面办公。到 1960 年，建研院本部的二里沟新楼（即今中国建筑设计研究院院址）建成，我们又搬到了二里沟。1980 年代初，中规院恢复重建之前的国家城建总局城建所，就曾在这个楼办公。

建研院合并后，主要任务就是搞城市规划、区域规划、工业与民用建筑，以及建筑历史与理论的研究，成立了三个室，即"区域规划与城市规划研究室""工业与民用建筑研究室""建筑历史与理论研究室"，室主任分别为吴洛山、王华彬（著名建筑师，一级教授）、梁思成（兼任）。大约在 1961 年，"区域规划与城市规划研究室"又与"工业与民用建筑研究室"合并成"城市规划与建筑研究室"，王华彬任室主任，吴洛山任副室主任。

原来的建委建筑科学院没有历史理论组，但建工部建筑科学研究院有一个历史理论研究室，新组建的"建筑历史与理论研究室"主要是这一部分力量。主持工作的是刘祥桢，下面有傅熹年、杨鸿勋、王世仁等，他们现在都是建筑界古建筑领域的权威了。

从 1958 年到 1965 年，三个室（后来是两个室）开展了大量基础研究工作，取得了很多研究成果。除了属于国家第一个科学发展规划重点项目"3001 项目"的"区域规划编制理论与方法的研究"之外，还有"建筑气象分区的研究""中国建筑史的研究""建筑模数制的研究""建筑空间的研究""中国民居的研究（浙江民居）""工业建筑标准化的研究""国外建筑理论的研究""住宅层数的研究""上海居民新区调查研究""特大城市地区规划研究""广东农村居民点调查""奶牛场的研究""黑龙江省机械化农场居民点规划设计试点"等。这些课题名称是我回忆的，不一定完全准确。

此外，为贯彻理论与实践相结合的方针，还参与了各地许多大型规划设计，如四川、贵州、湖南，北京、广州等省市的区域规划，桂林市、济南市，以及东

北一些城市的城市规划，天安门广场规划，长安街规划，古巴吉隆滩广场国际竞赛等。

六、参加湘中工业区的区域规划

蒋大卫：机构合到建研院后，我们区域组还保留，"3001项目"还在，并没有取消，我们继续研究"3001"。国家建委撤销以后，区域规划方面国家还是有主管部门的——在国家计委下面有个区域规划局，局长叫詹英，是位女老干部，吴洛山跟她联系上了，她要我们一起搞湘乡工业区的规划。

1958年的二三月份，春节刚过，詹英对吴洛山说：我们区域规划局没有具体搞规划的人，你们是不是派几个会画图、会做方案的同志一起去参加？当时，除了建研院之外，清华大学也有两位老师去参加了，其中一个叫李珏年，女的。除了我们这些搞规划的人以外，詹英还请了很多工业部门及专业设计院的人参加。应该说那次工作要比联合选厂的工作方式深入了一步。

当时工业区规划工作的目的是：利用柘溪水电站的电，在湘乡县建设一个以耗电工业为主的工业区。当时的电费是如何呢？假如火电是每度一毛钱，那么水电就是每度一两分钱，水电电价有很大的优势。我们在那儿搞了一个从铝氧到铝加工、铝材，完整的铝工业联合体。为了解决轻重工业配置的失调问题，又配了一些纺织厂等，实现男女职工的基本平衡。后来又因为铝加工有很多副产品，又配了水泥厂。

规划中，一个很重要的问题就是铝污染。因此，工厂究竟放在这个城市的什么位置？上风、下风？与交通、水系的关系需要深入研究。林志群和我们就作方案比较。工业部门设计出工厂的总平面图，我们把这些总平面跟城市规划结合起来，做城市规划草图。最后确定了一个方案。工作效率很高。詹英真是很能干的一个人，知识面广，泼辣、干练。改革开放以后，国家成立了上海经济区，她是上海经济区办公室的主任。1980年代末，一次在内蒙古的会议上我又遇见过她，问她还参与区域规划工作吗？她笑而不答。

我们先是搞湘乡工业区规划。接着，吴洛山与湖南省基建局的副局长米谷生进一步联系，决定以湘乡工业区规划为契机，修改和完善湘中区域规划（图4-7）。米谷生在规划界也比较有名，是湖南省规划界老前辈，他既是技术干部，又是行政干部。他也认为湘中区域规划很重要。长株潭地区在"一五"期间配置了一些工业后，存在一系列的问题，他希望我们能够深入研究。另外，可能还有一些新的工厂需要安排。

另外，湖南省南部，郴州等地有很多铅锌矿及其他有色金属矿（现在仍然是湖

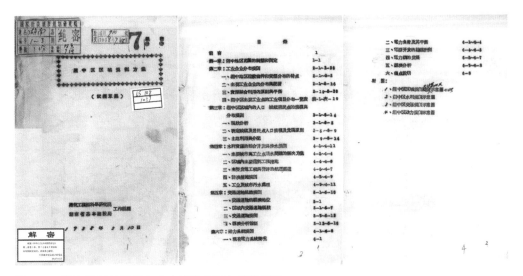

图 4-7 湘中区区域规划方案（试编草案）档案资料

注：左图为封面，中图和右图为目录。

资料来源：建筑工程部建筑科学研究院、湖南省基本建设局．湘中区区域规划方案（试编草案）[Z]．建筑工程部档案，1958-05-10：107．（中国城市规划设计研究院档案室，案卷号：1039）

南主要的有色金属生产基地），铅锌矿还伴生许多贵金属，比如金、银、铜等，但当时生产技术很落后，把这些都扔掉了，应该怎么考虑综合利用呢？吴洛山对这个问题非常感兴趣，他虽然是老干部出身，但是对这些问题很敏感，很有判断力（图 4-8、图 4-9）。

吴洛山认为，矿产资源综合利用非常重要，如果弄得不好的话，不仅浪费资源，还会带来很多环境污染问题。这是差不多六十年前的认识。吴洛山看了一些书，还写了有关的文章，但是他的这些观点并没有引起重视。

湘中地区区域规划完成后，文件就交给了湖南省基建局，他们把它印出来了。

从湖南回来以后，我们对于区域规划怎么编制，取得了一定的经验。

访问者：你们从湖南回来大概是 1958 年的几月份？

蒋大卫：1958 年的七八月份。当时天已经比较热了，我们在株洲的时候就觉得天气很热。

在湖南工作时，有林志群、我、单兰玉、张静娴（也是清华的）及陶吴馨。陶吴馨是个俄文翻译，后来她转到技术上来了，吴洛山从她的翻译资料里也获取了很多重要信息。

林志群的英文很好，国家建委办公楼有一个阅览室，那里有不少英文杂志。当时，国家提倡全面学苏联，我们的资料主要是苏联的，只有这个地方有点英文杂志，林志群经常去。

当时是摸索阶段，区域规划初期的创业阶段。在工作中，大家从不了解到有所了解，并坚定了信心，也有了一些工作体会：已感到区域规划与社会、经济、技术，以及管理都有密切的关系，理论方法的研究是一个长期探索的过程。过

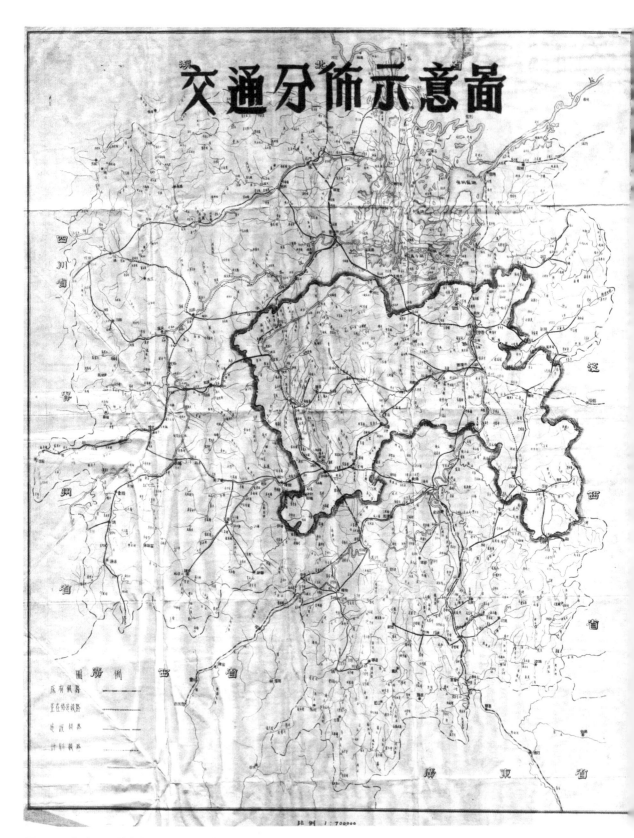

图 4-8　湘中区区域规划——交通分布示意图
资料来源: 建筑工程部建筑科学研究院、湖南省基本建设局. 湘中区区域规划方案(试编草案)[Z].建筑工程部档案,
1958-05-10: 107. (中国城市规划设计研究院档案室, 案卷号: 1039)

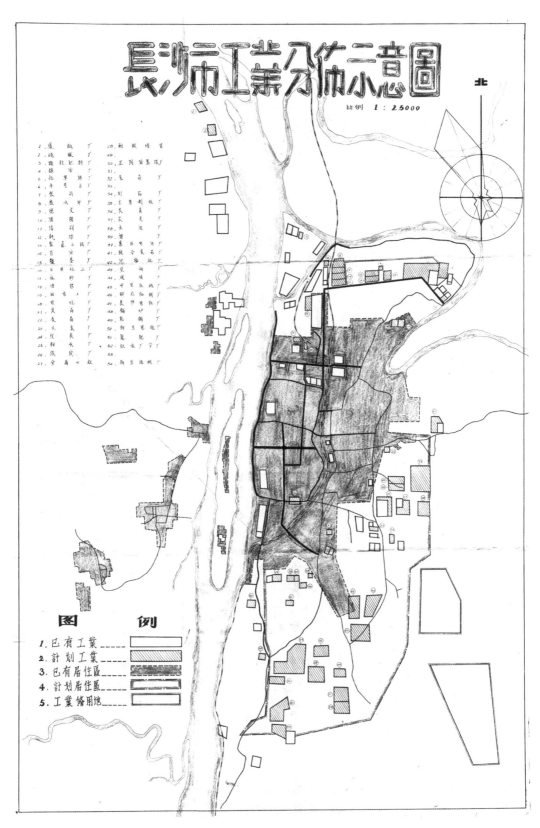

图 4-9 湘中区区域规划——长沙市工业分布示意图

资料来源: 建筑工程部建筑科学研究院、湖南省基本建设局.湘中区区域规划方案(试编草案)[Z].建筑工程部档案.
1958-05-10. P103. (中国城市规划设计研究院档案室，案卷号: 1039)

图 4-10　1958 年 8 月出版的《区域规划编制理论
与方法的初步研究》（封面）
资料来源：邹德慈先生藏书。

去苏联的一套办法既有长处，也有明显的缺陷。吴洛山认为，中国完全按他们的办法做（二段制）规划编制时间会拉得很长，而且由谁来审批？第一阶段的"技术经济论证"也需要有制度的建立。另外，有不少问题是地方性问题，需统一安排，不能在编制中避开地方利益不管，又不能完全按地方要求去做，这是很难的，要综合平衡，这又涉及很多管理问题、行政管辖权问题，所以区域规划的范围要与行政区划相匹配，否则不好办（以后他提出了"省下经济区区域规划"的概念）。此外，区域规划还必须考虑城市与城市之间的关系、城市与城镇的关系，统一安排基础设施问题、环境问题等。这些思路，现在我觉得还是对的。

访问者：蒋先生，你们在建研院工作，主要应该是搞研究，当年关于区域规划科研工作，重点是有很多区域规划的基础资料，通过阅读，再有一些实践，像湖南的区域规划试点，是这样一种具体方法，对吗？

蒋大卫：是这样的。

我们从湖南回来后，集中了两个多月，编出了这本《区域规划编制理论与方法的初步研究》（图 4-10）。后来到了八月份，我们就去了贵州。当时"大跃进"已经开始了，贵州省看到我们编的规划及其他资料，就邀请我们组织队伍去搞贵州省的区域规划。

七、规模庞大的贵州省区域规划

蒋大卫：贵州省对区域规划工作非常重视，我们去的时候，是省领导出面接待的。贵州

图 4-11　贵州省区域规划初步方案的档案资料（1958 年 10 月）

注：左图为封面，中图为总目录，右图为第一部分"贵阳经济区"规划的目录。

资料来源：贵州省区域规划工作组.贵州省区域规划初步方案[Z].建筑工程部档案，1958-10：1、4、23.（中国城市规划设计研究院档案室，案卷号：1237）

省的区域规划工作参加的人很多，可能是新中国成立以来，组织最庞大的一次区域规划工作（图 4-11）。当时，除了建研院，还有中国科学院经济所、中国科学院地理所、人民大学、同济大学、清华大学、北京市规划管理局等很多单位参加。中科院地理所有胡序威，人民大学有张之，清华大学有杨秋华。史玉雪[1]大学毕业以后要派到苏联留学，那时她在北京规划局实习，也利用这个机会来参加了。同济大学有陈亦青，天津大学有魏艳丽等，都自始至终参加，还有地方上好多职能部门配合，队伍庞大。

我们分了三个组：一个组是林志群带队，主要搞贵阳及周边地区的规划；一个组是吴贻康[2]带队，搞遵义及周边地区的规划；另一个组先是吴洛山，后是张之教授带队，搞黔东南和黔西南的规划。大家分头出去踏勘和收集资料，整整搞了四五个月，时间很长，中间没回过北京。

到后来，协作单位陆陆续续都回去了，最后就剩下林志群、黄传福、我和张孝存四个人。我们在贵阳市八角岩招待所，汇总所有的规划资料，绘制成图，编写规划说明书，形成完整的规划文件。图纸方面，我们都画得非常认真仔细（图 4-12、图 4-13）。主要是林志群、我和黄传福三个人画，张孝存写说明书。我们耗在那儿很长时间，每天晚上弄得都很晚，最后完成了整个贵州省区域规划文件，后来印出来了，印得还很讲究。据说这套文件贵州省建设厅现在还保留着。

那时候，贵州省很支持，提供了一份比例为五万分之一的地形图，精度相当高。

---

① 史玉雪，曾在城市设计院工作，1980 年代调至上海，曾任上海市规划局局长（蒋大卫先生注）。

② 吴贻康，原在建研院工作，后调至国家科委，曾委派至美国、英国等国任使馆科技参赞，回国后任国家科委国际合作局局长（蒋大卫先生注）。

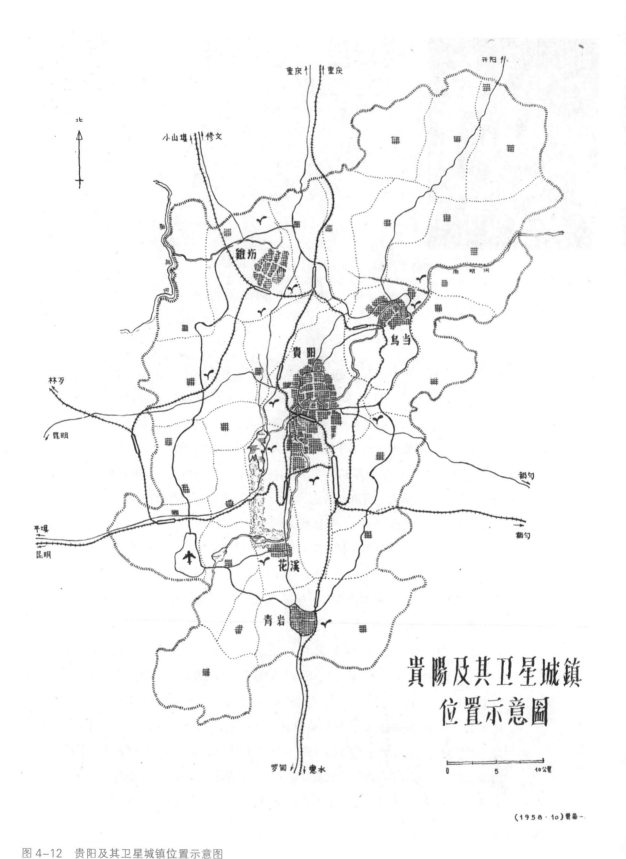

图 4-12 贵阳及其卫星城镇位置示意图
资料来源：贵州省区域规划工作组.贵州省区域规划初步方案[Z].建筑工程部档案，1958-10：116.（中国城市规划设计研究院档案室，案卷号：1237）

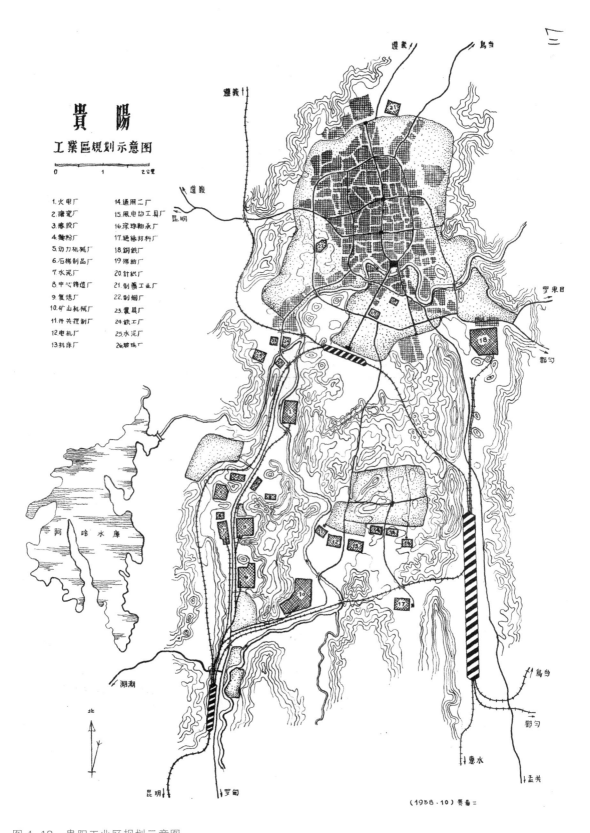

图 4-13　贵阳工业区规划示意图

资料来源：贵州省区域规划工作组. 贵州省区域规划初步方案 [Z]. 建筑工程部档案. 1958-10：117. （中国城市规划设计研究院档案室，案卷号：1237）

在这张图上，我们就把贵阳地区和安顺地区的一部分规划整体绘制出来，包括城市、镇、交通线路、水系等。这是一张好大好大的图，一个墙面都放不下。这就是我常说的城市规划与土地利用规划的区别，我们是把规划落到图纸上了。林志群也是这个思想，区域规划如果仅仅是一些文字、数字或者很小的示意图的话，起不了什么作用。我们把各方面的信息都落到图上以后，就可以清晰地看出城市之间的相互关系，可以看到交通的关系，可以看到水的关系……但是，农业和农村居民点这些是没有的，不可能同时做农村的规划。

我们做成了这样一张很大很大的图，相当费劲。这个图主要是林志群画的，我们也帮着他画了一点。林志群觉得我们画得还不够好，他要亲自画，这个人干工作是非常认真的。

回北京后，我们在校场口办公室找了一个大房间，勉强把这张图挂在一个大墙面上，请刘秀峰部长来看。吴洛山比较注意宣传我们所做的工作，扩大贵州区域规划的影响。刘秀峰来了，还带了一帮人。看了以后，刘秀峰说：区域规划如果这样做的话，是有用的。这个事情我记得是在1959年初。

我们做贵州省区域规划时，已经开始"大跃进"了，有些事情已经开始出现脱离实际的倾向了。但是，当时我们的脑子还比较清醒，地方上要上的项目那么多，这怎么行呢，用现在的话讲，已经有点泡沫了，我们还是尽量控制的（图4-14）。

前几年（2014年1月），国务院批复设立贵安新区。我问了一下有关情况，好像贵安新区的选址就是当时我们做规划的那个地方。这之前，我有一次在北京碰到吴继武教授（当年他是贵州省规划界的权威），我问他：贵州的区域规划起到什么作用没有？他对我说：还是有用的，当时你们那么辛苦做的规划，实际上对贵州后来的城市规划也好，城市选厂也好，都是起了一定作用的，当然也不能说起到了很大的作用。他还说：贵州区域规划文件是完整印出来的，红本子，一整套。那些资料我们一直保存着。

访问者：您讲到这儿，我有个疑问，在筹备建筑科学院的过程当中，区域规划的地位很高，但是对城市规划好像不太重视，或者说不在那个层次上——区域规划跟国家的生产力布局和宏观大战略密切相关，城市规划的层次要比它低一些。你们在当年的工作过程中，对城市规划是一种怎么样的认识？城市规划与区域规划的关系又是怎样的？

蒋大卫：吴洛山原来是在国家建委的重工业局工作，资格很老，他是新四军出身，解放初期在上海工作，二十几岁就曾担任上海市盐务管理部门的领导。当时盐是大事，他工作干得很出色，所以后来被调到北京工作。吴洛山接触过很多工业方面的问题、选厂的问题，他又善于思考，喜欢研究问题，后来成立建

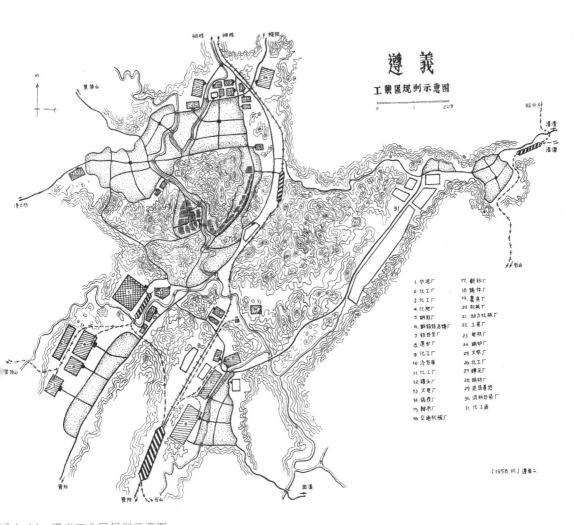

遵义

工业区规划示意图

0   1   2公里

1. 水泥厂
2. 化工厂
3. 化工厂
4. 化肥厂
5. 钢铁厂
6. 钢铁辅企业
7. 轻合金厂
8. 化工厂
9. 化工厂
10. 冷存库
11. 化工厂
12. 遵头厂
13. 火电厂
14. 焦煤厂
15. 轴承厂
16. 交通机械厂

17. 翻砂厂
18. 铸件厂
19. 餐具厂
20. 工具厂
21. 动力机械厂
22. 工具厂
23. 电机厂
24. 锅炉厂
25. 文教厂
26. 化工厂
27. 铸瓦厂
28. 铜纺厂
29. 建筑基地
30. 混编印染厂
31. 化工区

(1958.10.) 遵隆二.

图 4-14　遵义工业区规划示意图

资料来源：贵州省区域规划工作组·.贵州省区域规划初步方案 [Z].建筑工程部档案，1958-10：218.（中国城市规划设计研究院档案室，案卷号：1237）

筑科学院筹备处的时候，他就调过来了。他偏爱和重视区域规划，但城市规划也是他管的，他也重视。当时城市规划领域还有一些老专家，比如王硕克等。

访问者：当时的建筑科学院筹备处，除了有一个区域规划组，还有一个城市规划组，对吧？

蒋大卫：对。城市规划组人也蛮多的。

访问者：组长是？

蒋大卫：组长可能是王硕克，1958 年我们搞湘中规划的时候，城市规划组一些同志就参加了王凡带队搞的济南规划。济南规划也做了很长时间，包括总体规划和其他规划。后来，城市规划组又参与了桂林规划。

当时，按照吴洛山的观点，我们不是城市设计院，不可能，也没有力量承担很多的城市规划，而且 1961 年后，不少城市的规划工作停顿了。建研院领导和他都主张只抓两个重点的城市：一个是抓了济南，一个是抓了桂林。桂林的规划，也是长时期在那儿，包括于家峰、倪学成、汪志明他们都去过。但我没去过，因为我那时没搞城市规划。

后来,"四清"运动期间,"城乡室"很多人被下放,一部分同志去了桂林和济南,就是因为有以前的工作关系。

访问者: 当年的建筑科学院筹备处和建工部建研院,区域规划方面出版了一个小册子(《区域规划编制理论与方法的初步研究》),城市规划方面有没有出版类似的科研报告或成果?

蒋大卫: 城市规划组在于家峰同志带队下,去上海搞了"上海居民新村的调查研究",做了许多细致的研究,最后出了一本成果叫《上海市居民新村实例调查》(图4-15),在国内规划界获得好评。史玉雪从苏联学成归国后也参加了这项工作,此后,她就一直对居住区规划情有独钟,一直到现在还在搞。

访问者: 城市规划方面有没有像区域规划"3001项目"这样的重点课题?

蒋大卫: 城市规划方面有没有类似"3001项目"的重点课题,我记不清楚。我记得有一项"居住层数"方面的研究课题,也是一个重点课题,朱俭松牵头搞的,叶绪镁等参加了,这个项目搞了很长时间,争论很大,最后出了成果,但因"四清"运动,机构变动,没有正式出版。

此外,城市规划组还开展了"特大城市地区的规划研究",牵头是胡寅元。他是金经昌先生的研究生,研究生论文是这方面的选题,吴洛山特意把他要到建研院。这个项目也因"四清"运动机构变动而终止。

城市规划室除城市规划组外,还有农村规划与建筑组、民用建筑研究组、工业建筑研究组、国外建筑研究组等。

王华彬[1]专门研究建筑模数制问题。那时候对建筑模数问题有争论,有"二模制"还是"三模制"的争论。如混凝土预制楼板,二模制就是3.2米、3.4米、3.6米长,三模制就是3.3米、3.6米、3.9米长,10厘米的差别很值得研究。到底是二模制好还是三模制好,里面大有文章。搞建筑工业化,二模或三模对预制厂来说,设备、材料消耗、价格都会有差别。但是现在,这些问题都没有人在研究了。

还有建筑气象分区的课题。建筑气象分区课题的负责人叫韩琍,年岁稍微大一点,她主持这个项目,搞了很多年,最终还是搞出了成果《全国建筑气候分区》(图4-16、图4-17),这是我们国家建筑规划领域里的"国标"(国家标准),多少年来一直在通行使用。这个课题是经过全国大量的调查之后,根据多种气

---

[1] 王华彬(1907.11.15—1988.8.22),福建福州人,1927年毕业于清华学校庚款留学生预备班,后留学美国欧柏林大学和宾夕法尼亚大学建筑学院,获硕士学位。1933年回国后,曾任上海市中心建设委员会建筑师、上海沪江大学教授、之江大学建筑学系主任等。中华人民共和国成立后,曾任上海市房管局总工程师、建筑工程部华东工业建筑设计院总建筑师、北京工业建筑设计院总工程师、中国建筑学会副理事长等。曾当选为上海市第一届人大代表,全国第三届人大代表。

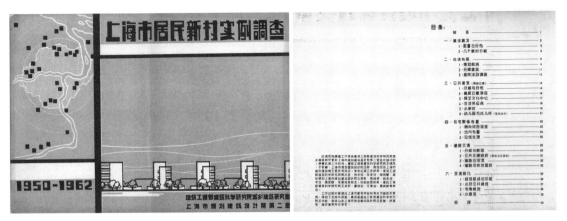

图 4-15 《上海市居民新村实例调查》封面（左）及目录（右）（1963 年出版）
资料来源：叶绪镁先生藏书（蒋大卫提供）。

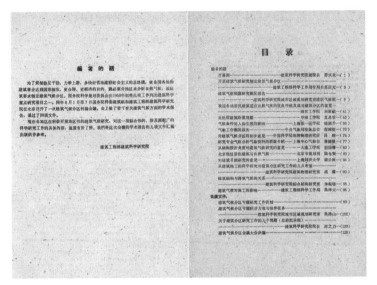

图 4-16 国务院科委和建筑工程部建筑科学研究院联合召开建筑气候分区讨论会文件汇编材料《建筑气候分区讨论会议报告集》（1958 年）
注：左图为编者的话，右图为目录。
会议时间为 1958 年 8 月 1—7 日。
资料来源：李浩藏书。

图 4-17 《科学技术研究报告：全国建筑气候分区草案（修订稿）》封面（左）、扉页（中）及目录（右，首页）（1964 年 1 月出版）
资料来源：中华人民共和国科学技术委员会. 科学技术研究报告：全国建筑气候分区草案（修订稿）[R]. 1964. 李浩藏书。

候要素划出全国不同的建筑分区，据此作为各地确定建筑不同的采暖、通风以及日照等设计标准。

还有建筑空间的研究。这是王华彬的专长。建筑设计在很大程度上就是建筑空间合理利用问题，不论大空间、小空间，都有合理利用的问题。城市层面同样如此，现在的城市设计，实际上就是城市空间布局怎么优化的问题。当时建研院的研究仅仅指的是建筑空间。

还有一个"浙江民居"的研究课题。"浙江民居"是汪之力亲自牵头的，他是高度重视的。他们在浙江调研了以后，发现浙江一些边远地区有很多漂亮的民居，依山傍水，使用当地的传统建筑材料——石头、木材或砖，保留了许多有特色的民居建筑，非常漂亮，无论是造型还是功能各方面都很好。所以，汪之力亲自组织了一组人去搞了浙江民居的课题研究。这个课题在国内很有影响力，是民居研究领域最早的成果。汪之力挑选了一些很会画图的人精心绘制，记得也出版了。

还有建筑历史的研究。刘祥桢[①]牵头搞"中国古代建筑史"的研究，这个课题的研究成果后来也出版了。

访问者：您说的这个"中国古代建筑史"，跟梁思成先生写的"中国建筑史"是不是一回事？

蒋大卫：属于一个体系，但不是一回事。这是一个科研项目，不是梁思成写的，而是建研院写的。

访问者：您回顾的这些事情，是在 1958 年前后吗？

蒋大卫：有些事情已经不止在 1958 年了，往后延续了一些时间。

八、关于"青岛会议"和"桂林会议"

访问者：1958 年，建工部在刘秀峰部长的主持下，在青岛召开过著名的"青岛会议"，具体包括两个阶段，前面是中国建筑学会的学术年会，后面就是第一次全国城市规划座谈会，简称"青岛会议"。后来到 1960 年，又在桂林召开了第二次全国城市规划座谈会。这两个会议，对区域规划工作也是非常重视的，包括刘秀峰部长的大会报告在内。当年您在建筑科学院和建研院工作时，对建工部召开的这两次会议是怎么看的？或者说怎么评价？

蒋大卫：这两次会议，当时评价都是很高的。两次会我都没有去参加。青岛是一个建设得非常漂亮的城市，我在同济大学的毕业设计，做的就是青岛一个地区的详细规划。

访问者：您的毕业设计是哪个老师指导的？

---

① 当时刘敦桢先生为建研院建筑理论及历史研究室主任，刘祥桢先生为党支部书记。

图 4-18　在青岛实习时的留影（1957 年初）
前排：刘本端（左 1）、林巧（左 2）、吴德铭（左 3，教师）、陈镇凡（右 2）、吴征碧（右 1）；
中排：蒋大卫（左 1）、朱锡金（左 2）、林章骥（左 3）、黄素芳（右 2）；
后排：雍嘉晰（左 1）、沈怀玉（左 2）。
资料来源：蒋大卫提供。

蒋大卫：是李德华先生。我对青岛还是蛮熟悉的，因为在那儿待了很长一段时间，改革开放后我也多次去过。

这两次会议，评价是很高的。因为会议及时指出了当时城市规划、建设、管理工作中带有普遍性的问题，要求和鼓励大家学习这两个城市的经验：城市规划要充分利用城市自身的自然条件，创造出自己的风貌特色和建筑风格，加强规划管理，不断改善城市的生产、生活条件。

青岛这个城市确实很美，当时的规模不像现在这样大，也就是老城区那么一块，主要是德国人搞的。它是丘陵地貌，依山傍海而建，道路顺地形走，建筑体量不大，风格一致，米黄色的墙，红色的斜坡屋顶，欧洲建筑风格。德国人在那里建立了一套规划、建筑管理制度，管理经验与技术力量很强。当年我们去青岛毕业实习时（图 4-18），青岛规划局向我们介绍过青岛的总体规划，我就感觉到青岛的技术力量相当强。

同济大学跟青岛的关系很密切，金经昌先生多次去过青岛。在"青岛会议"以前，青岛方面专门请金经昌先生拍摄了一本画册，反映青岛以建筑群体为主的城市风貌，包括建筑、道路、绿化和城市小品等。

访问者：这可能也跟金先生在德国留学过有关系，因为青岛是德国人建的，金先生对德国也比较熟悉。

蒋大卫：金先生是中国摄影界的老前辈。中国在 20 世纪三四十年代的时候，有两位著名的摄影师，一位叫金石声，就是金经昌先生；还有一位叫刘旭沧，这两位是

图 4-19 《青岛——中国建筑学会专题学术讨论会的报告》（1958 年 8 月建筑工程出版社出版）
注：左图为封面，中图为序（首页，共两页），右图为目录。梁思成先生为该书所作序言中指出"为了把这次学术座谈会的准备工作做好，学会委托同济大学建筑系城市规划教研组金经昌教授和该校教师、同学及学会青岛分会、济南分会，在开会前十天就在青岛准备资料"。
资料来源：蒋大卫提供。

图 4-20 《青岛——中国建筑学会专题学术讨论会的报告》部分插图页
资料来源：蒋大卫提供。

中国最有名的摄影师。再加上金经昌又很熟悉城市规划，熟悉建筑，青岛方面特别邀请他去作了"专题摄影"。金先生那本作品非常好。据说在青岛会议上，发给大家了，学术性质的，后来又正式出版了（图4-19、图4-20）。

当年召开这样的会议，都是选择一些比较好的地方，桂林也是建设、管理得很好的。在抗日战争的时候，有不少名人都跑到桂林，这个城市的生活非常方便、舒适，风光秀丽。刘秀峰还很重视建筑风格的研究，在青岛会议后专门召开过一次建筑风格方面的座谈会。

访问者：是的，1959年6月在上海召开了"住宅标准及建筑艺术座谈会"，刘秀峰部长作了《创造中国的社会主义的建筑新风格》的报告。

蒋大卫：当时的建筑设计千篇一律，中国传统的风格丢了，却没有创造出新的风格。这个座谈会的发言，后来中国建筑学会汇编成册了，记录了当时中国各地的一些著名建筑师的发言。

九、大城市周边地区区域规划的实践探索

蒋大卫：通过贵州的区域规划实践，吴洛山发现，当时以专区为范围（他称为"省下经济区"）来做规划有局限性，地方的经济力量、技术力量都比较薄弱，很多协调工作很难做。所以，他认为还是应该开展以大城市为主体的区域规划，因为大城市地区问题较多，值得研究。

贵州的区域规划结束后，紧接着，1959年初，我们去北京市规划局，跟他们谈合作的事。与中国科学院经济所和中国人民大学几位老师、研究员共同合作研究北京市的工业布局和卫星城镇的布局规划，也是带有区域规划性质的工作。

这项工作，北京市规划局是由陈干主持、梁凡初等参与。北京市当时已经感觉到城市发展规模越来越大了，在"大跃进"的时候搞了好多街道工业，把城市搞得很乱，想要把它们搬出去。另外，还有一些大的项目要具体布置，比如当时北京曾经想搞汽车制造厂，就在北京市范围内布局，他们已经有些想法了，但到底放在什么地方尚未落实。

中国科学院经济所和人民大学的几位专家对经济、交通都比较熟悉，我们到处转，调查研究，提出建议，工作了3～4个月时间。因为形势的关系，在向北京市领导汇报以后，说暂时还定不了，就结束了。

在北京地区的区域规划实践以后，吴洛山更加觉得以大城市为主体的区域规划应该积极地开展，于是在1959年中又去了四川。在四川，我们主要搞了成都周边地区、重庆周边地区，以及内江—自贡地区共三片的区域规划，并没有全

图 4-21　参加成都市城市总体规划项目评审时的留影（1997 年）
注：吴唯佳（左 2）、耿毓修（左 3）、赵士修（左 5）、崔功豪（左 6）、董光器（右 5）、蒋大卫（右 3）、
马武定（右 2）。
资料来源：蒋大卫提供。

省铺开搞，当时我们是跟四川省建委一起合作开展这项工作的（图 4-21）。

访问者：四川的区域规划工作，有几个月的工作时间？

蒋大卫：3 ~ 4 个月的时间，工作也做得有相当深度，也许这些材料还能找得到。重庆
　　　　地区的区域规划是由吴贻康负责的，成都地区的区域规划是林志群负责的，内
　　　　江—自贡地区的区域规划是吴洛山亲自抓的，我配合他。

　　　　四川的区域规划工作结束之后，就到 1960 年了。当时我还不知道有"三年不
　　　　搞规划"这个说法，但是精神已经下来了。所以，建工部决定建研院不再搞
　　　　区域规划。这个事情对吴洛山的打击是比较大的，但他作为一个领导干部，
　　　　也不好跟我们讲。不久，我们这个区域规划研究组就解散了，林志群被调到
　　　　了建研院的科技处。当时，一度想要把我调到历史室去，搞古建筑和现代建
　　　　筑历史研究。

访问者：为什么想要把您调到历史室？是您对历史研究有点兴趣，还是其他方面的
　　　　原因？

蒋大卫：不是我有兴趣。当时可能是有别的考虑，想让我们这些年轻人加入进去。但我
　　　　后来并没有去历史室，因为区域规划方面还有一些遗留的工作，主要有两项。
　　　　其中一项就是要向国家科委写一个报告，暂停"3001 项目"的研究，要写个报
　　　　告，讲一讲为什么暂停。我的任务就是要写这个暂停报告。当时不能讲机构变
　　　　动等原因，技术上的原因又讲不清楚，吴洛山的意思是区域规划工作还是要搞
　　　　的，很难写。后来总算是写出来了，林志群改了一下，就交给国家科委了，这
　　　　个事情总算完成了，这是第一件事情。

　　　　第二项工作是，1960 年时，我们又集体编写了一本《区域规划研究》的专著，

图4-22　1960年3月出版的《区域规划文集》
（封面）
资料来源：李浩收藏。

也是出版社约稿的。工作方式也是像《区域规划编制理论与方法的初步研究》一样，大家先分头写，再汇总，形成完整的东西。当时闵凤奎等同志也参加了这项工作，最后由我汇总成一本书，一本专著（大概在1961年初完成）。当然，以现在的眼光来看，水平不会很高，但毕竟凝聚了大家的心血。经吴洛山仔细审阅后，对我说：就这样吧，我跟出版社联系出版。后来，因为"三年不搞规划"这一形势，出版社就不敢出版了。所以，这本书夭折了。

访问者：当时好像区域规划挺热的，比方说晚辈买到的这本旧书《区域规划文集》（图4-22），它主要反映建工部城市规划局于1960年1月在辽宁省朝阳市召开过一个区域规划工作的现场会的情况。

蒋大卫：建工部城市规划局在朝阳（市）的现场会，我们建研院的区域规划组也有人参与，这是在1960年初。

　　1960年前后，建工部城市设计院编了一套《城市规划知识小丛书》（图4-23），这套丛书很受欢迎，很多人参与编写，分专业的，有十几本。1970年代末又再版过。其中是不是也有区域规划的内容，我记不太清楚了。

访问者：好像没有区域规划。

蒋大卫：主要是城市规划方面的内容。在当时的情况和条件下，这本普及性的小丛书挺受欢迎。

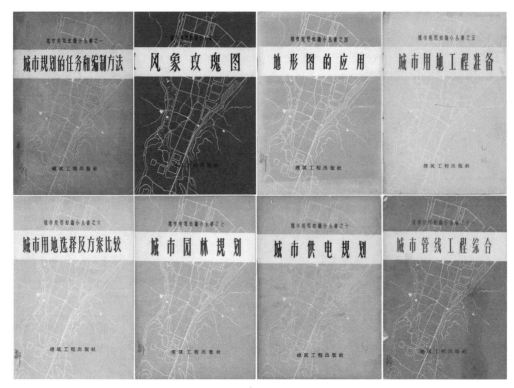

图4-23 《城市规划知识小丛书》（部分，封面，1959—1960年前后出版）
资料来源：邹德慈先生藏书。

十、"大跃进"时期的农村规划研究

蒋大卫：到1960年末、1961年初，我的区域规划工作生涯就结束了。后来我没有去历史室，"大跃进"以后农村的问题很多，建研院成立了"农村规划与建筑研究组"，我被调到了这个研究组，搞农村规划了。农村规划搞什么呢？也不清楚。我又进入了一个新的规划研究领域。

访问者：跟人民公社规划有关系。

蒋大卫：人民公社规划我没有参加过，因为当时在搞区域规划。人民公社规划在"大跃进"年代真是疯得不得了的事情，当时公开发表的一些文章很值得你仔细看看。《同济大学学报》和《建筑学报》（图4-24）上都有。同济大学的老师也搞过一些人民公社规划。

不久，我们去了广东，到广东去搞农村调查。1961年春，中国举办"世界乒乓球锦标赛"，当时我们都在二里沟的建研院办公楼（现在中国建筑设计研究院办公楼）上班（图4-25），四楼有一个大厅，有一台很小的电视机，正在播放世界乒乓球赛，我还没来得及看完决赛就上了火车，去搞农村规划调查了。广东农村调查是与广东省建筑设计院和华南工学院合作的，当时广东省建筑设计院有个规划室。

访问者：您是几月份去广东的？

图 4-24 1958 年第 10 期《建筑学报》上发表的《青浦县及红旗人民公社规划》一文（首页）

图 4-25 建研院城乡规划研究室城市规划组部分同志在二里沟办公楼前的留影（1964 年前后）
前排：李可锦（左1）、程敬琪（左2）、叶绪镁（左3）、于家峰（左4）、陆光祖（右3）、王林农（右2）、谢若松（右1）。
后排：王硕克。
资料来源：蒋大卫提供。

蒋大卫: 1961年4月份。到了广东以后，先是在珠三角，后去了粤东、粤西、海南岛搞调查。调查的内容是什么呢？当时有个农业"六十条"①，对农村发展有很大的影响。广东有些地方在"大跃进"时搞并村定点，把老房子拆了，把几个自然村合并起来，搞"共产主义"，有很多后遗症。

我们的调查目的是：了解当时广东农村居民点建设中存在什么问题，在当时的生产力水平下，农村居民点的大小、规模、分布方式有什么关系。这些问题是农村人民公社规划时曾广泛讨论过的，也是当时农村建设、农村经济发展中存在的问题。我们调查后发现，农村的差异很大，大的农村居民点，像汕头那边，最大的可以达到几万人，小的只有一户、两户，这是几百年甚至上千年的社会、经济、历史、自然条件所形成的，如果简单地对待农村居民点建设，问题会很大。

广东省顺德一带的农业生产的传统方式叫"桑基鱼塘"，是历史上长期形成的农村经济特色，多种经营，在稻田附近挖个池塘养鱼，池塘挖出来的土堆起来，比一般的稻田高一点，种桑树（桑树不能种在低洼的地方），鱼塘养鱼后，塘泥可作为肥料肥田，而桑叶又能养蚕缫丝……这是很完整的农业生态循环。顺德是珠江三角洲地区最富裕的地方，很有名。可是，在传统的生产方式下，顺德的土地不是大面积连片的，居民点也因此是分散的，农民各自经营，如果简单地把农村居民点合并起来，那会怎么样？

中国的农村，尤其是南方，因为人多地少，传统的耕作方式都是深耕细作的，不能想象把北方的农业生产、生活模式简单地套到南方来，至少在当时的生产力条件下是不合适的。农村的居民点规划，农村的各项建设都应该因地制宜，应该根据当地各种社会经济和自然条件，具体分析，具体解决。

我们还调查了农村集镇，广东珠江三角洲一带的农村集镇叫"圩"，赶集叫"乘圩"。在"大跃进"时，"圩"作为资本主义商品经济的形式被取缔，但在"六十条"以后，容许农民种自留地，有自己私人的农副产品，需要有一个商品交换的场地，集镇又恢复了。集镇的恢复，不仅为农村，也为周边城镇居民带来了丰富的农副产品，这在困难时期对恢复国民经济是有很大作用的。在农村中，今天这个"圩"逢一、四、七（即农历初一、初四、初七，十一、十四、十七或二十一、二十四、二十七）赶集，那个"圩"逢二、五、八赶集，另一个"圩"逢三、六、九赶集，很繁荣。"圩"的位置往往分散设置在各村落的相对集中点，设施简单，方便生活，有利生产，是一种在相对低的生产、生活方式下，几百年流传下来的农村居民点布局，十分有意思。

---

① 指1961年3月22日中央工作会议通过的《农村人民公社工作条例（草案）》，文件共10章60条，故简称《农业六十条》。《农业六十条》被称为人民公社的宪法。

我们在广东调查，走访了好多地方，最后形成了一个一二十万字的综合调查报告，后来因为没有经费、没有纸或其他什么原因，也没有付印。当时经济困难，国家很穷。1964—1965 年间，农村组曾应邀去东北黑龙江做了一个"机械化国营农场生产队居民点建设试点"项目，地点在国营八五三农场，按照 15000 亩农场规模建设一个现代化的机械化农场，配建一个标准居民点，改善农场职工的生产、生活条件。从选点一直到施工，项目由彭斐斐与邹怡（后在南京大学工作）负责。到 1966 年，此项目已竣工使用。

建研院的工作，到"四清"运动、"文化大革命"的时候就结束了。其他事情就不详细说了。

十一、"文化大革命"早期的工作经历

蒋大卫：1965 年搞"四清"，接着 1966 年搞"文化大革命"，批判刘秀峰，批判汪之力，说建研院的历史室是"刘秀峰推行封、资、修的据点"，汪之力也被打倒了。建研院的二个研究室合并起来，叫"城市规划研究所"。同时，一部分人被下放到济南，一部分人被下放到桂林，少数人调到建筑工程部的科学局。我和一些同事去工厂、去农村搞"四清"运动，没有去向。

访问者：您是到哪个地方搞"四清"的？

蒋大卫：一部分人到兰州，搞工业"四清"；我到了邯郸，搞农村"四清"。我和建研院一部分同志及标准所、专业室等单位的同志，在部城建局一位副局长的带领下组成一个工作队，到河北邯郸磁县路村营公社搞"四清"。在你已经出版的访谈录中，有的同志说是 1963 年，实际上是 1965 年秋天以后去的。一直到 1966 年"5·16 通知"①以后，有一天，突然从北京来了一个同志，让我们全部回北京，晚上通知，第二天早上就离开了公社。

回到北京以后，我们没回单位。当时李雪峰②是北京市委书记，"文化大革命"搞起来了，要派工作队到一些单位去协助搞"文化大革命"，我被派到"三建"

---

① 1966 年 5 月 4—5 月 26 日，刘少奇在北京主持召开中央政治局扩大会议，5 月 16 日通过了陈伯达起草的经过毛泽东修改的中共中央通知，即"5·16 通知"，该通知成为"文化大革命"的一份纲领性文件。

② 李雪峰（1907.1.19—2003.3.15），山西永济人，1932 年冬参加中国共产党领导的山西互济会，1933 年 10 月加入中国共产党，任山西互济会党组书记等职。后曾任中共北平市委书记、晋冀豫省委书记、第一届中共河南省委第一书记等。新中国成立后，曾任中共中央中南局副书记兼组织部部长、中南行政委员会副主席、中共中央副秘书长兼中共中央中南地区工作部部长、中共中央书记处第三办公室主任、中共中央工业交通工作部部长、中共中央工业工作部部长等。1956 年 9 月，当选为中共第八届中央委员、中央书记处书记。1960 年 9 月，任中共中央华北局第一书记兼北京军区党委第一书记、第一政委。1965 年 1 月，当选为第三届全国人大常委会副委员长。1966 年 6 月，兼任北京市委第一书记。1967 年 1 月至 4 月，到天津工作。1968 年 2 月至 1970 年 12 月，任河北省革命委员会主任、河北省军区第一政委。"文化大革命"期间遭到迫害。1983 年 6 月，被选为第六届全国政协常委会委员。1985 年 9 月，被补选为中央顾问委员会委员。

（北京市第三建筑工程有限公司），在清河。后来"文化大革命"越来越厉害，戴"高帽子"，搞批斗，"四清"工作队变成了"消防队"，工作做不下去了，经请示北京市后，撤销了"工作队"，我们就回来了。

从"三建"回来之后，我发现自己已经被调到了新的单位——标准所，因为机构调整了。建研院城市所撤销后，还是保留了几十个人，骨干力量保存了下来，但是没有规划研了，规划方面的人员暂时放在了标准所，我也去了标准所。到标准所以后，没多久，就让我去了邢台。1966年邢台地震[①]，受灾情况非常严重，国务院要求建工部派人去考察邢台地震的灾后灾情，我们跟北京工业院（建工部工业建筑设计院）的几位一起去的，转了好几个地方，亲眼目睹地震的灾害和老百姓的苦难。后因"文化大革命"越来越严重，县、乡政府无法接待，就终止了调查。

1966年以后的一段时间，我一直在标准所，在那儿搞"文化大革命"。这方面的情况就不多说了。建研院的工作已经过去那么多年了，但我仍然记忆犹新。

访问者：在建研院的工作是您参加工作最初的近10年时光，青春的时光。这些工作应该给您后来的一些工作打下了很好的基础。

蒋大卫：是的。让我接触了更多的工作方面，也对科研工作有了一定的认识。

访问者：前几年我在中央档案馆查档案时，曾查到一两份要成立建筑科学院的档案，但我还没有专门研究，那方面的材料很少，只有几页纸。

蒋大卫：前几天我也查了一下，实际上建筑科学院筹备处只存在了两年多的时间。但后来建研院"城乡室"存在的时间很长，并且出了好多人才，其中不少人是中国工程院院士、建筑大师，还出了市长和副省级的干部，有几位现在都是建筑界、规划界的知名专家。包括林志群、吴焕加、史玉雪、白明华、傅熹年、程泰宁、王瑞珠（图4-26）等。在当年的历史环境下，在七八年的时间里，通过建筑科学的研究，培养出了很多人才，是不容易的。研究单位最重要的任务应该是"出成果、出人才"。

访问者：如果跟城市设计院相比较的话，建研院比较好的方面就是它以研究为主，所以受政治形势的影响相对要小一点。1960年代初，城市设计院的名字都已经改掉了，变成了"城市规划研究院"（1963年1月更名），不让做规划了，因为"三年不搞城市规划"了。

蒋大卫：建筑科学院和建研院的历史，尤其是城市规划与建筑学的研究历史，现在几乎被忘却了。

---

① 1966年河北邢台地震是久旱之后的地震，包括两次大的地震，一次是3月8日在隆尧县发生的震级为6.8级的大地震，震中烈度9度强；另一次是3月22日在宁晋县发生的震级为7.2级的大地震，震中烈度10度。两次地震共死亡8000余人，伤3.8万多人，经济损失约10亿元。

图 4-26 中国城市规划设计研究院院庆 50 周年时的留影（2004 年 10 月）
前排：刘家麒（左1）、张国华（左2）、王健平（左3）、蒋大卫（左4）、包文琴（左5）、王静霞（右4）、
徐华东（右3）、罗成章（右2）、高卫红（右1）。
第2排左起：何冠杰（左1）、张菁（左2）、鹿勤（左3）、赵朋（左4）、王瑞珠（右4）、詹雪红（右3）、
万裴（右2）、赵燕菁（右1）。
后排：官大雨（左1）、王凯（左2）、戴月（左3）、李晓江（右2）、杨保军（右1）。
资料来源：蒋大卫提供。

上面说的这些，都是当年建研院三个研究室研究的一些内容，我只能是凭我的记忆来谈，肯定不全面。至于说做大量的城市规划设计或者做大量的建筑设计，建研院远不如城市设计院和工业及民用建筑设计院，因为建研院是个研究机构，不是设计单位。当年有不少研究，有的研究有成果出版，有的研究虽有价值，但因各种原因没有形成正式的成果出版，是相当遗憾的。

访问者：谢谢您！

（本次谈话结束）

2017 年 5 月 25 日谈话

访谈时间：2017 年 5 月 25 日上午

访谈地点：北京市海淀区阳春光华小区，蒋大卫先生家中

谈话背景：与蒋大卫先生于 2017 年 5 月 24 日的谈话结束后，部分内容尚未谈完，遂于
　　　　　次日继续进行了本次谈话。

整 理 者：李浩

整理时间：2017 年 11 月 24 日

审阅情况：蒋大卫先生于 2018 年 3 月 2 日初步审阅，3 月 14 日补充，3 月 15 日定稿

访问者：蒋先生，今天可否请您先聊一聊"五七干校"的经历？

蒋大卫：我在"五七干校"的时间比较短。当时我们是跟建筑工程部的一些同志一起去的，
　　　　在河南省的修武县。

一、在河南"五七干校"劳动锻炼

访问者：您去"五七干校"具体是什么时间？

蒋大卫：1968 年 11 月份。我去得比较早。当时我在建工部标准所，整个标准所基本上
　　　　都给"端"过去了，北京只留了少数几个人。建工部机关干校所在的地方叫秦屯，
　　　　我们标准所所在的点叫和屯，彼此有十几分钟的步行距离。秦屯和和屯是两个
　　　　生产队，两个老村子，我们分散住在各家各户。
　　　　开始时，我们在老乡家里吃饭，但是因为人多，不方便，后来生产队帮我们找
　　　　了一个生产队用的房子，它有个院子，我们在那里自己搭了棚子，就在那里做饭、
　　　　吃饭，白天参加一些劳动，有时候学习、开会，相当平静。

访问者：您在"五七干校"大概有一年的时间？

蒋大卫：没有，我在和屯大概只待了半年的时间。到 1969 年上半年，上级突然要让我们标准所撤出和屯，到河南新乡去。建工部机关的人员仍在秦屯。新乡市的近郊有一个儿童教养院，叫关邸，我们整个搬了过去。

访问者：当时你们为什么要搬到新乡去呢？

蒋大卫：因为标准所当时有业务，在干校内没法弄了。标准所卖标准设计图、标准构配件图，因为生产业务的要求，部里跟新乡市政府联系后找了这个地方，那是比较大的一个院子，有好多平房，还有一些空地。那些房子，除了少量几间还是原来儿童教养所的工作人员在使用，其他的都给了我们用。

访问者：搞标准图还需要有设备吧？

蒋大卫：设备倒是没有。

访问者：印刷呢？

蒋大卫：都没有，没有搬过来。当时也就是把我们的人统统从那边挪了过来，脱离了干校，集中在那儿。

当时标准所的所长叫王挺（建工部设计局副局长兼任标准所所长），没有来新乡。具体负责人叫解培之，她曾经在中规院工作过，是一位人事干部（现在已经去世了）。那时候，解培之负责干校的事情，她让我和几个人从和屯拉了一个板车，组成"先遣队"，我们装了一车东西，赶到焦作火车站，坐火车到新乡，再从新乡火车站徒步走到关邸，住下来。第二天，建工部军管会的主任汪少川坐车来看过我们，他跟我们讲：你们就在这儿安营扎寨，同时把急需的业务抓一下。"文化大革命"后期的斗、批、改也是在这儿进行。

访问者：您在关邸有多长时间？

蒋大卫：我记得 1969 年四五月份就到了关邸那儿了。我们在关邸待了半年多。

那时候，军管会来了个代表，把原来标准所的机构都打散了，成立了几个组。我是第二组的组长，副组长是程泰宁，我们两个人搭档。你的书中提到的汪季琦，当时是中国建筑学会的秘书长，是标准所的一个副所长，也在我们这个组。

当时的标准所，除了王挺和汪季琦，还有几个领导：第一副所长是王华彬，以前建研院的；第二副所长是董兴茂，原城市设计院的人；第三副所长是吴洛山，他们后来在干校待了好长一段时间。

二、下放湖南支援"三线"建设

蒋大卫：1969年末，"一号通令"①来了，我们这些人全部要迁出北京，重新分配工作，标准所撤销了。部里其他的一些单位，包括水院（给水排水设计院）、专业室、勘测院、部设计院等单位全都成建制地撤销了，仅剩下建研院保留少数人没有完全撤销，每个单位留几个人处理未尽之事。我们主要分配到三个地方：湖南、山西和河南。就这样，我被分配到了湖南。

访问者：跟您一块儿去湖南的，大概还有多少人？

蒋大卫：去湖南的不光是标准所的人，还有建筑设计院的人，有给水排水设计院的人，也有专业室的人。河南也是这样，山西也是这样。

我记得去湖南的大概有400人，一支雄厚的技术力量。湖南西部是"三线"建设地区。到了湖南以后，并不是原来想象的那样，人员集中在湘潭市，办了很长时间的学习班。

湖南省原来有个省建筑设计院，当时也没有太多任务，怎么办呢？那就再往下分，一部分人留在省院，一部分人往下分，湖南省院有一部分人也跟着我们一起下去了，下放到全省各地。我被分在大庸，也就是现在的张家界。那时候，据说"三机部"②要在那个地方搞项目，支援"三线"建设，在湖南的西部。

三、在大庸（张家界）的工作经历

蒋大卫：我和叶绪镁，以及北京工业建筑设计院的一对夫妻，还有湖南省建筑设计院的一位同志，共5个人到了大庸（张家界）。大庸有一个基建公司（相当于建设局），成立了一个小的设计室。

在大庸，我们承接了一个任务。当时要修枝柳铁路（从湖北枝城到广西柳州），这条铁路线与京广线平行，从太原一直延续过来，经过大庸。修铁路需要水泥，水泥从哪儿来呢？如果从其他地方运过来，太远，不方便。因此，国家决定在沿线几个地方建几个规模不大的水泥厂，由国家直接拨钱下来。枝柳铁路用的水泥就地取材，就地生产，也就便宜。

当时，有这么一笔钱拨到了县里。县里有关领导看我们这几个人都是大学生，并且是搞建筑的，于是要我们做这个水泥厂的设计，包括施工。其实，我们根本没有搞过水泥厂的设计，我主要是搞规划的，北京院那位同志算是做过一些

---

① 1969年10月18日，林彪发出了战备疏散第一号命令，北京的机关、学校大部分人员要疏散到外地，前往"五七干校"，去接受锻炼和劳动改造。

② 指第三机械工业部。

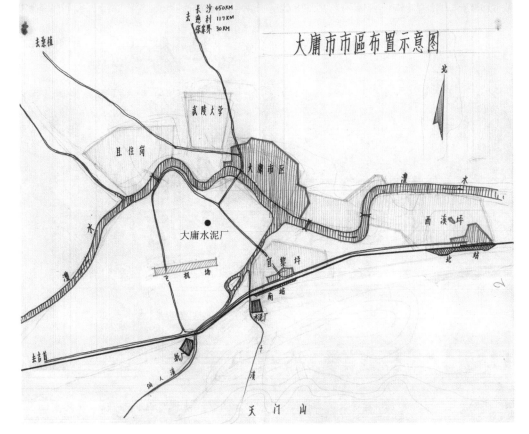

图 4-27 大庸市市区布置示意图

注：图中大庸水泥厂的位置系根据蒋大卫先生的标注所加。

资料来源：大庸市城市规划（1987年版）[Z]. 1987：3. （中国城市规划设计研究院档案室，案卷号：2228）

　　设计，这个任务对我们来讲困难很大。

　　基建公司要我负责组织大家一起做这项工作。因为那个水泥厂不是建在平地上的，而是建在山坡上面，山后面就有石灰石，可以就地取材。水泥厂不是采用先进的大转窑，而是立窑，工艺还比较复杂。我们参考了其他水泥厂的图纸，根据当地的情况，成天就耗在设计室做设计，边学习、边设计、边施工。每天，我从大庸县城里，用差不多将近一个小时徒步走到工地，在工地上组织他们施工。工人师傅大多是仅施工过一些民用建筑，图纸也看不明白，困难重重。

　　我刚到大庸后一年多时间里，主要就是干了这么一件事。后来，这个水泥厂建成了，投产了。

访问者：这个水泥厂的名字叫什么？

蒋大卫：大庸水泥厂。二〇〇几年，中规院承担张家界总体规划项目，我又去了一次张家界，陈锋①跟我一起去的，我专程去看了这个水泥厂。这个水泥厂前些年还在生产，后来因为有环境的问题，小水泥厂的污染问题比较突出，另外城市发展、扩张了，水泥厂离城市近了，再加上设备也落后了，所以决定关闭、淘汰。那次去看的时候，这个水泥厂的一些建筑还在，回忆当初，挺感慨的。这算是一个插曲吧（图4-27）。

　　在大庸，不单做建筑设计，包括施工，还有预算，我都做过。预算是要按图纸

_____

①　陈锋，曾任建设部城市规划司副司长、中国城市规划设计研究院党委书记等。

图 4-28　大庸县城现状图（1987 年）
资料来源：大庸市城市规划（1987 年版）[Z]. 1987: 4.（中国城市规划设计研究院档案室，案卷号：2228）

图 4-29　大庸县城近期建设图（1987 年）
资料来源：大庸市城市规划（1987 年版）[Z]. 1987: 7.（中国城市规划设计研究院档案室，案卷号：2228）

计算各项工程量，再计算材料及人工工时，最后是造价。我们也学着做，也完成了。总而言之，我在大庸的两年多时间里，主要就是搞了这么一个项目。也搞了一些其他的项目。叶绪镁还设计了一个大庸县中医院，相当不错。后来省里来调令，调我们回长沙的时候，县领导说：你们来做大庸县的规划吧。我说：我们都要走了。所以没做。我没在大庸做过什么规划（图 4-28、图 4-29）。

访问者：您是 1973 年前后回到长沙，到湖南省建筑设计院工作的，对吧？

蒋大卫：是 1974 年初。1972—1973 年的时候，国家建委曾经要调我回北京，省里没放。据说理由是我和叶绪镁属于双职工，省里还有其他的一些老专家也是双职工，比如龚德顺[①]，他很有名，是 1950 年代初建筑工程部大楼的设计者，一开始也

---

① 龚德顺，1945 年毕业于天津工商学院，曾主持设计过建筑工程部大楼、洛阳拖拉机厂等；"一五"国家重点工程、古巴吉隆滩纪念碑竞赛方案、蒙古国乌兰巴托百货大楼等援外工程。曾任国家建工总局副总工程师、中国建筑学会秘书长、城乡建设环境保护部设计局局长、中国建筑师学会会长等。1987 年出任深圳华森建筑与工程设计顾问有限公司董事、总经理。著有《中国现代建筑史纲》一书，主编《建筑设计资料集》第一、二册。

都没放大家走。

其实，这段下放的经历也很好。我现在觉得，在大庸的这两三年，是我一生当中挺值得纪念的一段时间。到最基层工作一下，接触了很多工人、老师傅，他们都很淳厚，跟我们的感情也很好。我们走的时候，有好多人送我们。我们回到长沙后，他们还专门来看我们。两年多的工作、生活觉得很新鲜，很奇特。大庸的空气非常好，大庸县城依托澧水而建，澧水的水清澈见底，每天都要过这条河。

访问者：同时也锻炼身体了。

蒋大卫：澧水上当时没有桥，只有一条渡船。澧水不是很宽，用一个钢绳，一头拴在这边，另一头拴在那边，船固定在上面，有两个船夫像拉纤一样，从这头走到那头，船就跟着过去了。从那头再走回来，船就又回来了。摆个渡两分钱。每天我就从这儿摆个渡，再步行半个多小时到水泥厂。一路上的风景很好，每天享受大自然。

当时，我还不知道张家界的风光，但工人中有的家就在张家界附近，他们几次要我去：礼拜六跟我们去看看吧，住在我们家里，好看得简直没法再好了。他们不叫风景，就是说很好看。那时候，因为没有公共汽车，要走几十里路，走不动，因此在那儿待了那么多年，我都没去看过。

张家界天门山山顶上有一个洞，大庸人称它为"哈洞"，很有名，从大庸县城里就可以看得到这个洞，现在变成了非常有名的景点。曾经有一个飞行员开着飞机穿过这个洞，很冒险，说明这个洞很大，是奇特的地质现象。

四、"文化大革命"时期城市建设和规划工作的印象

访问者：我有个疑问，关于新中国城市规划的发展，通常的说法是"文革"期间城市规划工作陷入了停滞。我想了解一下，据您在湖南所观察和了解到的情况，地方上还有干规划设计或者管理工作吗？

蒋大卫：城市规划是停了。建研院撤销以后，我调到标准所，就没有再搞过规划，主要是搞"文化大革命"。

后来在关邸，我曾经搞过一段时间标准设计工作。标准设计的内容很多，标准所负责设计和提供各种工业与民用建筑的标准构配件的标准设计图，各设计和施工单位都可以购图，直接采用标准设计。标准图随着时间发展要不断调整更新，我们的工作是去河南省一些设计院做调查，了解标准图的使用情况。

访问者：当时因为有"三线"建设，地方的一些城市中，还有建委和规划局这些管理部门吗？

蒋大卫：没有规划局。当时地方上大一点的城市，可能有一个建委，下面有一个规划科；

小的城市就是建设科，管管日常的建设，主要是单体建筑的管理。城市规划方面几乎没有什么管理机构，在湖南好像只有长沙建委下有规划科。

访问者：就城市的整个面貌来说，在"文化大革命"期间，除了破坏文物和文化遗产的活动之外，建设活动是不是陷入了一片混乱？

蒋大卫：破坏文物的事情，可能是在"文化大革命"初期的时候发生的较多。后来，红卫兵那些乱来的事情少了，不是很厉害了。当时的城市建设，可以说属于维护性质，没有太多的建设，因为资金有限。国家财政情况不是太好，不可能搞大规模城市建设，连工业建设和其他建设都压缩了。国家基本建设重点是放在"三线"建设上，在比较偏远的地方，不是放在城市里面的。

五、调回长沙在湖南省建筑设计院工作

蒋大卫：1974 年初，我们调回到长沙，在湖南省院工作，省院一室下设有一个规划组，共六七个人。

访问者：1966 年，"文化大革命"开始后，城市规划工作陷入停滞，"文革"后期规划工作逐渐恢复，恢复的重要契机就是唐山大地震。据说在唐山地震之前，1974年前后，曾经有过一个规划工作恢复的小高潮，国家建委提出来要搞城市规划，好多地方积极响应，像沈阳、北京。湖南的情况如何？

蒋大卫：对，是这样。

我们调回长沙后，第一件工作就是参与长沙市总体规划修编工作。这项工作由长沙市建委主持，在一位老专家李植基同志具体组织下进行，与长沙市规划室几位老同志合作。李植基同志是位老专家，业务精通，也有远见。这项工作进行了很长时间，有各种因素影响，包括老铁路改线、打通五一路、建设长沙市新火车站（万里同志任铁道部部长时亲自批准），等等。因此，修编工作中途停顿下来，改做五一路改建详细规划、新火车站广场规划等。

1976 年以后，湖南省的规划任务增多了。之后我又做过常德市总体规划、岳阳市总体规划、唐山震后规划、浏阳县城总体规划、长沙朝阳新村调查，等等。任务交叉进行。

六、参加唐山震后恢复重建规划

蒋大卫：到了 1977 年，国家建委组织唐山地震（1976 年 7 月 28 日）后的重建规划工作，以曹洪涛为首，组织了一个非常庞大的规划队伍。当时我们湖南省院受派参加了这项规划支援工作。

访问者：唐山震后恢复重建规划工作，有过好几波，第一波是在地震发生以后没多久启动的，到 1976 年 11 月份结束的。

蒋大卫：第一波的时间可能比较短。我们这一波去，是正规的、大规模的开展规划设计工作。当时中规院还没有正式恢复，还处于"城建所"（国家建委城建总局下属城市建设研究所）时期，由贺雨、周干峙、安永瑜三位轮流到唐山去主持，不仅管规划，也管建筑。周干峙本身就是学建筑的，他也懂建筑，与各规划、设计单位的联系接洽和技术指导，以他为主。

当年参加唐山震后重建工作的，不光是规划、建筑的，还有工程的，道路交通的，比如给排水设计院、北京华北电力设计院和北京市政院等都参加了，组织很庞大。我们住在唐山市第一招待所，那个招待所刚好建在岩基上面，发生地震时没有被震掉。

访问者：你们大概是 1977 年几月份去的，是春天吗？

蒋大卫：春天。3 月份去的，7 月份结束，有三四个月的时间。河北省建委的规划处处长叫郭良玉，他不常驻那儿，常驻在那儿的是吴征碧，她也是同济大学学规划的，毕业以后分配在河北省建委，在河北省工作了几十年。

郭良玉及吴征碧是代表河北省出面的，中央这边就是贺雨、周干峙、安永瑜，曹洪涛没有常驻唐山。吴征碧前后在那里待了很长时间，一直到我们这个工作队撤掉以后，她还在那里，处理许多未了之事。

访问者：当时您是以湖南省设计院的身份参与的？

蒋大卫：当时国家建委要求湖南省院派人，湖南院大概派了五个人去参加。

访问者：那一轮参加唐山恢复重建工作的，除了湖南省院之外，大概还有多少单位？

蒋大卫：有很多单位。有同济大学，有清华大学，有华北电力设计院，还有不少建筑设计院。

访问者：据董鉴泓先生回忆，当年他参加完唐山"二号街坊"的设计竞赛之后，曾和吴良镛先生及戴念慈先生等一起，又去看了清东陵。

蒋大卫：对。唐山规划结束了以后，省里慰问我们一下，包了几辆车，从唐山开到清东陵，然后又到了北京。但我个人不记得有董先生、戴先生等。

访问者：可能您们说的几件事是一回事。

蒋大卫：一起去的，记得在唐山搞规划的有同济大学的徐循初、朱锡金，我们城建所有倪学成，徐循初与倪学成合作研究唐山的交通规划。此外，还有李兵弟、刘仁根、关忠和等。

访问者：当时刘仁根先生是曹洪涛先生的秘书吗？

蒋大卫：对，是曹洪涛的秘书，曹洪涛派他来参加。但是，在唐山时，他并没有代表曹洪涛，而是给我当助手，那几个月里我们一直在一起。

当时分配给我们的任务是做丰润新区的规划。唐山地震以后，铁路以南的地区破坏得最厉害，一些工厂全毁了，而这些工厂是唐山最主要的工业企业，包括南厂（铁路车辆厂）、华兴水泥厂、纺织厂、轴承厂，等等。因为路南地区正处在唐山地质断裂带位置，地震时破坏最严重，惨得很。但是人还在，设备还在，所以中央要求路南区工业全部搬到丰润，在丰润建一个新工业区安排这些项目，同时建一个生活区。

丰润的地质条件比较好，地震的时候没有受到很大的损害。丰润原本是个县，于是在县城东边开辟一个新区，建一个新的完整的工业区，我就做这一块的规划，丰润新区的规划。1990年代末，我曾专程去看过，基本是按规划建的。

七、浏阳县城规划和湘乡会议

蒋大卫：1979年，浏阳县请我们去做县城总体规划，湖南省院让我带了几位同事去做，我们尽心尽力地做。

浏阳县城不很大，现状调查时感到县城的老房子（即原有的民居）相当好，保留着传统风格，我们建议保留下来不大拆、大建，规划方案在原来路网基础上进行一些调整和完善。当时，城市建设确实很分散，湖南多丘陵地貌，不少建设项目都是占一块小丘陵，附近的农田不让占。一个城市，中间是老城，外面东一坨、西一坨，每一坨面积都不大，小的几公顷、十几公顷，大的有几十公顷，都很小，城市形不成整体面貌，市政设施、公共设施也难以配置，生产、生活不方便。

访问者：但是环境很好吧？

蒋大卫：环境也不好。都是一个单位一个院子，或者两个单位一个院子，道路、供水、排水都很困难，没有绿地，不是有序的城市建设，而是一种不像城也不像乡的建设。浏阳是个县城，我们是在这个基础上，规划把它拢起来，适当占一点农田，这样，城市就有了一个完整的形象。

我们规划做得比较细，画了好多的图，写了一个说明书，打破了传统的写法，如实地把问题写清楚，县里满意，也觉得有指导意义。规划完成后，不知道是什么渠道传到了部里，部里觉得湖南抓规划抓得不错，决定到湖南来开一个城市规划工作会议。这个会议是在湘乡召开的。

访问者：这是哪一年的事？

蒋大卫：应该是1979年吧，记不太清楚了。浏阳规划是1978年做的。为了湘乡会议，湖南省院花了好多精力做会议准备工作。此外，湘乡是毛主席家乡，有毛主席念过书的湘乡小学，有过去建设过的工业区。

湘乡会议是曹洪涛同志来主持的，全国各省市都有代表来参加。有一天晚上，我去找了曹洪涛，原来我不认识他。我进去，跟他一说，他就说知道了，很客气，但是没说很多，他跟我讲：我们想调你回来，但是湖南省不放，你搞得不错，就在这里安心工作，将来如果有机会，我们还是会想着你的。

其实我也就是想拜访他一下而已，当时已经挺晚了，他说没关系，很客气。我就是从这时候才认识的曹洪涛同志，以前并不认识他，在唐山时没有机会与他见面。王凡是不是也来了，我记不太清楚了。

八、对 1970 年代末居民实际居住水平的调查研究

访问者：蒋先生，昨天和今天您讲的好多情况，我们都不大知道。包括林志群先生，当年他还做过好多区域规划，我本来以为他主要关注住宅问题。

蒋大卫：林志群是一个非常有才华的人。在我接触的同事中，林志群是一位治学严谨、做事认真、值得尊敬和学习的学者。

访问者：今年我在整理周部长文集（《周干峙全集》）的时候，周部长保存了很多林志群先生的材料，周部长还亲自准备《林志群文集》的事宜，包括撰写提纲、汇编文章和写序。

蒋大卫：改革开放后，林志群担任过城乡建设环境保护部科学技术局副局长、住宅局（后改为房地产管理局）局长等。他业余时间研究住宅问题，一个人埋头苦干，每天下了班以后在家里分析住宅的资料，搞统计，当时也没有计算机。

我也一度研究过住宅问题。在湖南工作期间，我就做过朝阳二村的调查，调查以后我就写了一篇文章，在《城市规划》上发表了，当时我感觉到中国住宅建设存在一些问题，大都是一个单位自己建几栋，看不到城市整体的面貌，这样的话，城市将来会什么样？

访问者：我看到过您在《城市规划》杂志上发表的《居住水平与住宅面积标准的调查》一文（图 4-30），您对湖南长沙、株洲和湘潭等地搞调查，提出人均居住面积水平在 6～7 平方米、实际居住水平与统计数据存在较大出入的调查结论。

蒋大卫：当时这篇文章引起了不小的反响。文章发表了以后，林志群看到了，他就寄给我了一些材料。我有时候到北京来开会，趁机去看望他，因为过去我跟他相处了很久。他对我说：你的研究做得很好。通过这个调查，主要说明了当时的一些统计数据不准确。

访问者：关于人均居住水平问题我也有个疑问，您调查得出来的结论是实际水平在 6～7 平方米，但之前有好多统计数据或官方说法是 3～4 平方米，有的甚至更低一些，既然这个差距很大，大概有 1 倍的差距，那么，之前全国那么多搞居住区研究的人员，为什么都没发现这个问题呢？是不是计算口径不一样呢？

图 4-30　由蒋大卫先生执笔的《居住水平与住宅面积标准的调查》一文（载于 1981 年第 4 期《城市规划》）
注：左图为首页、右图为尾页。
资料来源：蒋大卫提供。

蒋大卫：　其中的原因，一是统计工作的问题。各种因素影响了当地的居住水平，如有的工业城市，有大量的单身职工宿舍，未统计入住宅面积；有的城市高等院校、中等专业学校学生较多，而这些学生住的宿舍也未统计入住宅面积。这样，这些城市的人均居住水平就被拉下来了。差别是有的，但不是很大。二是社会的因素。下面报上来的数据有瞒报的现象。以前建住宅，不是市场行为，而是靠国家投资建设和分配，如果我报得少一些，只有 3 平方米或 2 平方米，那么明年或许就可以多争取一点住宅投资。有这样一种社会因素在里面。

我的调查是从各方面进行了测算，对湖南的各种统计手册（包括统计部门的家庭调查）做了分析，发现实际水平应该是 6 平方米左右。

另外，我还调查了长沙的朝阳二村。朝阳二村是由于长沙火车站搬迁，拆掉一部分旧房子，在长沙新火车站附近建了一个安排拆迁户的新村，是一个相对完整的小区，而且建成了，使用了。湖南省建委对我说：你是不是可以调查调查实际的情况？长沙市建委给我配了一个行政干部，长沙市规划院配了一个年轻的技术员，我们三个人天天骑自行车到朝阳二村，跟居委会联系以后，今天去看这栋房子，明天去看那栋房子。事先打好招呼，入门去调查，丈量房子真实的面积，看他的户口本，问实际居住人口，这样做出了统计。我发现平均居住水平仍是 6 平方米左右。

调查时候我发现另外一个问题，即当时的户均人口已经不是 4 个人了，传统的居住小区规划都是按 4 个人算的,那时候实际已经是每户平均 3.5 人了;一户的建筑面积如果是 60 平方米,如果按 4 个人来住平均就是 15 平方米,如果按 3.5 人平均就更高了……其中有好多技术细节的问题。

《居住水平与住宅面积标准的调查》这篇文章发表以后,我收到好多人的来信,赞成我的意见。当时国家提出建设 50 平方米的住宅,我说还可以再高一点,从户型组合来分析 55 平方米是比较合适的。当时我在湖南省设计院工作,我把省设计院和其他一些设计院设计的已经建成的住宅设计方案统计了一下,平均面积远不是官方说的面积。从几个方面汇总起来,我发现了实际情况。我们今天的人均居住面积,可能也不止 30 平方米了。

访问者:当年您所调查的朝阳二村,它的居住对象会不会比较特殊?因为这个区域似乎是相对高档或者说新建的区域,所以面积就会宽松一点。朝阳二村的居住对象主要是?

蒋大卫:一般老百姓。当时的官员大部分都是住在单位的住房里,水平会更高些。朝阳二村居住的主要是拆迁户。

访问者:是什么厂建的这个小区?

蒋大卫:因火车站拆迁,由市里统一规划,相关的单位投资统建。

访问者:建设时间是 1970 年代末?

蒋大卫:对,我搞调查的时间是 1979 年 5 月前后,建设时间在 1979 年以前。当时,这样的调查工作没有太多人来做。因为我在湖南,虽然也有不少具体工作,但是我对这个问题有点兴趣,就做了些调查研究。我对居住区规划比较有兴趣。后来,部里(城乡建设环境保护部)组织"居住区详细规划的研究"课题,1982 ~ 1983 年,中规院邀请湖南省院参加,湖南省院参加了。因为是国家科研项目,单位比较重视,给我配了几个人,一起做。

访问者:"居住区详细规划的研究"这个课题,分给湖南省建筑设计院的专题的名称是什么?

蒋大卫:居住区的技术经济分析。当时,这个课题组织了很多单位参加,由迟顺芝主持。课题经两年多共同努力获得了国家科技进步奖三等奖,它应该是中国城市规划学科获得的第一个国家科技进步奖。课题的参加人员很多,列名的只有五个人,我列在五人之中,排名第四。五个人中,有三个人是中规院的,我作为湖南省建筑设计院的人员,获得这个奖,不容易的(图 4-31)。五个人中,还有同济大学的朱锡金,他研究居住区的环境,我们两个人是中规院以外单位的获奖者。

1983 年 12 月,在中国建筑学会和中国城市住宅研究会联合举办的城市住宅问题学术讨论会上,我作了一个《浅谈提高住宅建设的经济效益》的发言(图 4-32)。

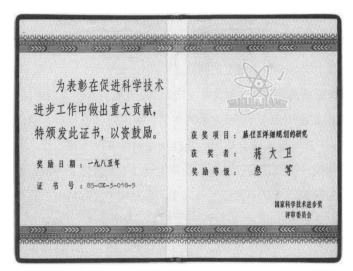

图 4-31 《居住区详细规划的研究》课题获奖证书（1985 年）
资料来源：蒋大卫提供。

图 4-32 蒋大卫先生在《中国城市住宅问题》论文集中发表的《浅谈提高住宅建设的经济效益》一文

注：左图为《中国城市住宅问题》论文集首页，中图和右图分别为蒋大卫先生所写《浅谈提高住宅建设的经济效益》一文的首页和尾页。

资料来源：中国建筑学会、中国城市住宅问题研究会. 中国城市住宅问题——城市住宅问题学术讨论会论文集[R].
1984.（蒋大卫先生收藏）

居住区规划课题研究以后，大家再做居住区规划，户均人口就不再用 4 个人了，开始用 3.5 个人。我记得当时贺雨还跟我说过：是不是还可以再继续研究，预测以后的人口？对于这个问题，我也想做研究，但是，它需要掌握很多资料，我们到人口部门去，连材料都不给你，人口资料都是保密资料，怎么做？我曾经努力过，比较困难。

当时有很多项目都是交叉进行的，我还做过其他一些小区规划，还做了一些保密工程，都不细说了。

九、长沙的分区规划探索

蒋大卫：1983 年前后，长沙总体规划修编工作开展到一定程度以后，李植基认为总体规划不是很落实，提出来要做分区规划，通过分区规划来深化总体规划。从全国来看，长沙是第一个在全市范围开展分区规划工作的。叶绪镁全力以赴参与了。

访问者：我看过一些资料，全国第一次分区规划学术讨论会就是在长沙召开的，胡开华先生等积极推动。

蒋大卫：是的。分区规划这项工作的规模很大，由长沙市建委牵头，组织了湖南省建筑设计院规划室、湖南大学、长沙市规划院、有色冶金设计院和黑色冶金设计院等好几个单位同步做。长沙市把整个城市分成五六片，一个单位承担一片。叶绪镁负责的那一片先做，做出经验了以后，其他单位相继再做。

分区规划工作是在长沙市总体规划框架下统筹进行的。在调查研究基础上，对分区内用地布局结构、道路网络细化、居住用地与人口的合理配置、公共设施和市政设施配套，以及地块划分、技术经济指标（主要是容积率）的确定都做了比较细致的工作。为以后分区规划工作的推广起了积极的作用。其中容积率工作是继上海虹桥开发区采用后在较大范围内进行的，当时称之谓"三定"：定性、定位、定量。

访问者：就容积率而言，上海虹桥开发区应用的目的主要是为了土地招标出让的实际需要，长沙分区规划为什么会对容积率比较重视呢？

蒋大卫：当时做这项工作的目的之一，是为了研究各片区的规划人口与总体规划的总人口能不能对得起来，即各分区人口容量，应与长沙的总人口容量对应，两者如果对不起来，还要做用地结构的调整。

长沙分区规划工作做得比较细。北京获得信息后，中规院派人来了，胡开华来没来我不记得了，李迅肯定是来了的。那是在 1983 年，我第一次见到李迅，他刚毕业，很谦虚，交谈后给我留下了好的印象。长沙的分区规划基本上做完后，中规院组织一部分省市有关人员来长沙学习、交流经验，开了研讨会。后来又在太原开过分区规划研讨会。就这样，分区规划在全国逐步推开了。

访问者：作为全国比较领先开展分区规划工作的城市，长沙分区规划的概念或者思想来源是怎么回事，是谁想到的这个点子？还是说领导的布置任务，大家就开始干起来了？

蒋大卫：我说不太准。可能是叶绪镁，她从一些杂志或者资料上知道相关信息，当时好像广东也做过类似的工作。我现在说不好，当时的情况，应该说是一种探索和尝试，也不一定有明确的理论为指导，但工作做得很认真，摸索出了不少经验。

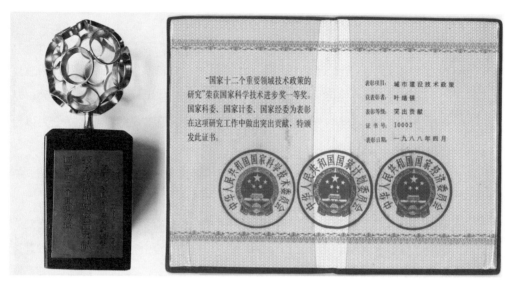

图 4-33　叶绪镁先生参与"城市建设技术政策"研究获得的奖杯和证书（1988 年 4 月）
资料来源：蒋大卫提供。

在 1980 年代，叶绪镁还参加过"城市建设技术政策"研究，获得过国家的奖励（图 4-33）。我院同时获奖的还有张秉忱、夏宗玕等同志。

十、分区规划与控制性详细规划的相互关系

访问者：说到分区规划，我还有一个疑问，当年在长沙分区规划开展的过程当中，也是咱们国家正在酝酿出台控制性详细规划的过程当中。我想请教的是控规和分区规划的关系，您有什么看法？

蒋大卫：两者有点关系，但不是一回事。我认为分区规划对大城市和特大城市还是很有用的，小城市没有必要。当时概念中的特大城市是指 100 万人口以上的城市。总体规划的范围毕竟太大了，大框架做了以后，把它分成若干个区，土地利用可以深化，可以把人口落实到地块上，特别是居住用地上的容积率能确定得更恰当一点。

控制性详细规划的出台可能是 1990 年代以后的事。它应该是用地规划与管理的依据和法规。说起来话就比较长了。

访问者：就长沙的分区规划来说，每个片区下面有没有进一步做详细规划，或者说分区规划已经达到规划管理控制的目的了，比较详细了？

蒋大卫：没有再往下做详细规划了。长沙的面积还不是特别大的，不像北京和上海那么大。长沙总共有八九十万人口，划成五六个分区后，每一片的人口，多的有二十多万人，少的有十多万人。当然，规划图纸已经蛮大了，有的分区做到了两千分之一的

比例，这样就可以提供作为规划管理的依据。

但是，当年长沙分区规划的深度达不到现在控规的深度。现在的控规，内容更多了，除容积率外还有高度控制、绿化、市政、道路、停车、出入口等指标，那时候还做不到这样的深度，只是作为城市用地的控制手段。

像北京和上海这样大的城市，是应该做分区规划的，做完了以后再去做控规，控规的科学性更强。做了分区规划后就不必全市铺开做控规。现在，好些城市全覆盖做控规，工作量极大，有的城市要求一年内完成，时间很紧，于是抄抄搬搬，质量没法保证，做出来是没有个性的东西。

1987年，我到联邦德国去，德方向我们介绍了Bebauungsplan（建造规划），相当于我们的控规。

访问者：B规划？

蒋大卫：对。他们给了我一些图（图4-34）。建造规划的编制，起源于德国，他们不是全面铺开做的，而是有计划、有针对性、分步骤开展的。他们的建造规划做得非常细，比我们现在的还细，做完以后项目编制人签字，规划局长签字，市长签字，成为法律文件。

我觉得德国的方法很好，曾在中规院内介绍过。同济有一位郑之教授，我们一起去的联邦德国（图4-35），他在同济汇刊上也介绍过。

访问者：谢谢您！

（本次谈话结束）

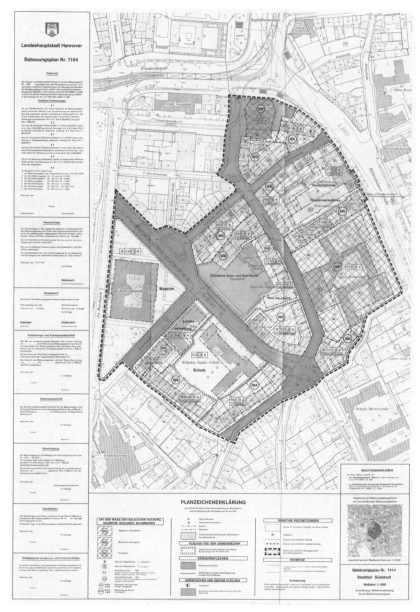

图 4-34 德国建造规划（Bebauungsplan）图（1981 年）
资料来源：蒋大卫先生收藏。

图 4-35 蒋大卫先生赴联邦德国学术交流时的留影（1987 年）
注：郑之（左1）、刘云（左2）、关肇邺（左3）、平永泉（右3）、蒋大卫（右2）、莫天伟（右1）。
资料来源：蒋大卫提供。

2017 年 5 月 26 日谈话

访谈时间：2017 年 5 月 26 日下午

访谈地点：北京市海淀区阳春光华小区，蒋大卫先生家中

谈话背景：与蒋大卫先生于 2017 年 5 月 25 日的谈话结束后，部分内容尚未谈完，遂于
      次日继续进行了本次谈话。

整 理 者：李浩

整理时间：2018 年 1 月 2 日

审阅情况：蒋大卫先生于 2018 年 3 月 2 日初步审阅，3 月 14 日补充，3 月 15 日定稿

一、回京调入中国城市规划设计研究院工作

蒋大卫：1974 年初，我们从大庸（张家界）调回到长沙，在湖南省建筑设计院工作。十
      年后，再从湖南省建筑设计院调回到北京。

      调回北京时，中规院已经恢复成立了。早在 1980 年代初，在原来的国家城建
      总局城市规划研究所的基础上，就开始筹建中规院。筹建初期，中规院的人员
      主要是由三部分人组成：第一部分是老城院（城市设计院）的，以他们为主；
      第二部分是建研院的，建研院城乡室在"四清"后期一度又改成所，现中规院
      的老同志中有十几位就是原建研院的人；还有第三部分，就是以前的水院（给
      水排水设计院），这一部分人也不少。

      在中规院恢复重建的初期，深圳经济特区成立了。中规院曾派专家去帮助做过
      一些规划研究工作。特区自己也搞了一些规划研究。后来，深圳市觉得还是要

图 4-36 蒋大卫先生和叶绪镁先生的合影（1995 年）
资料来源：蒋大卫提供。

委托一个技术力量比较强的单位来正式编制规划，这个任务委托给了建设部（当时部的名称叫"城乡建设与环境保护部"），部里又交给了我们中规院（中国城市规划设计研究院）。

那时候，院里的技术力量承担深圳特区总体规划还是有些困难的。院里领导就利用这个契机，把情况反映到部里。后来部里又给国务院打报告，可能是一位副总理特批的，从全国各地调回一些技术骨干来承担这项工作。当时有个名单。以中央组织部的名义发调令，我和叶绪镁在名单之中（图 4-36）。因为是由中央组织部发的调令，所以地方上就通行了。这是在 1984 年。

可能刘学海同志在管这件事情，但并不是他直接来调我的。直接来帮我们办调动手续的是张启成同志和罗成章同志。我们两个人调走了以后，就发生"多米诺骨牌现象"了，湖南省院不少人开始慢慢离开湖南，调到上海、深圳等地去了，走了很大一帮人。

我调回北京后，马上就到深圳搞特区总体规划。院里组织了一个队伍去的。大概是这么一个过程。

访问者：您是在 1984 年几月份回来的？

蒋大卫：调令可能是七八月份，我们是九月份报到的。

二、受命主持"深圳经济特区总体规划"项目

访问者：关于深圳特区规划，晚辈有个疑问，周干峙先生为什么会看中您，请您和宋启林先生一起来主持？宋先生好像比较清楚，因为他提出了土地有偿使用的观点，周部长比较欣赏。您这边大概是什么情况？

蒋大卫：我和周干峙先生很早就认识了。最早是1957年，在杭州和他一起搞过一段时间的区域规划工作。第二次跟周干峙接触，是1977年参与唐山震后重建规划。第三次跟周干峙接触，就是1984年参加深圳规划了，因为有了前面两次的工作和交往，他也比较了解我。

深圳经济特区的设立是在十一届三中全会以后，国家实行改革开放的背景下，中央作出的一项重大决策。1979年1月23日，深圳市由原来的宝安县改成了市。开始是县级市，后来又改成地级市。到1980年5月16日，中央批准成立深圳、珠海、汕头、厦门4个经济特区，后来又加了一个海南省，也是特区。1980年8月26日，广东省发布了一个《广东省经济特区条例》，把这一天作为深圳特区成立的纪念日。特区成立以后，深圳市政府曾组织各方面的专家，主要是国内的，包括一些著名的经济学家在内，对深圳特区发展做了不少研究，形成了一些设想，但是没有编制过正式的特区总体规划。

但是，从1980年到1984年的这几年中，特区已经有了一定的发展，对外开放后，外商进来了，国内很多机构也进来了。之后带来了很多的问题。而且，一下子搞得很热：我要建工厂，他要建宾馆，另一个要建个办公楼、商场、学校……各种各样的项目，放哪里呢（图4-37）？另外，路怎么修？市政工程设施怎么安排？没有规划，政府有点被动。迫切要有一个规划作依据。

深圳经济特区早期在罗湖一带搞建设，当时的建设基本上是传统的建设方式——把香港的一些模式照搬过来。之前的蛇口已经有了一个开发区，更是直接把香港的模式搬过来的。

访问者：什么是"香港模式"？

蒋大卫：所谓"香港模式"，特点是：建筑密集，小街坊，狭窄的道路，中高层，讲究经济效益，讲究房地产的效益，商业的气味浓，缺乏新鲜的感觉。

当时的深圳领导不满意，要求特区的城市不能简单模仿香港，要有自己的特色，一定要编制出一个有新意的总体规划，用总体规划来指导特区的长远发展和当前的建设。

那时，中规院承担某个城市的规划任务，通常是派一个规划项目组去做，做完就回来了。院里考虑到深圳特区的发展不是一天、两天的事情，有很多工作要一直延续做下去。所以，就决定在那儿成立一个深圳咨询中心，这就是今天的

图 4-37　深圳经济特区现状图（1985 年）
资料来源：深圳市规划局、中国城市规划设计研究院．深圳经济特区总体规划 [Z]. 1986-03：7.（蒋大卫先生收藏）

中国城市规划研究院深圳分院的前身，任命宋启林为深圳咨询中心的经理，我是副经理。

深圳市的面积约 2020 平方公里，这是指行政区划的范围。中央给这个特区划定了边界，共 327.5 平方公里，建设了一条"二线"管理线，用铁丝网封闭，从东到西有八十几公里，两边有巡逻道，人们不能随意进出，在几个地方开了口子，建了几个联检站。进出都要有证件。深圳规划的任务就是做 327.5 平方公里特区范围内的总体规划，项目名称是"深圳经济特区总体规划"，不是"深圳市总体规划"。特区以外 1000 多平方公里，并没有委托我们做规划（图 4-38）。

后来，深圳经济特区行政区划做过一些调整，把北部的一大片包括进来了，深圳特区面积变成了 2020 平方公里。现在所谓深圳城市总体规划，是指 2020 平方公里这个更大的范围。有很多资料把这两个范围混淆起来了。

1984 年，深圳经济特区内人口已发展到了 40 多万，其中有 20 万是有户籍的人口，另有 20 万是外来人口，也就是现在所说的常住人口。从统计资料看到：1979 年时深圳（宝安县）的 GDP 只有 1.9 亿元人民币，去年（2016 年）深圳的 GDP 达到 19300 亿元，三十多年增加了将近 1 万倍，平均每年增长 28%，如果扣掉物价的因素，也应有 20% 左右，这就是"深圳速度"。

深圳特区的成立是中央改革开放的重要决策，这是一个大的战略。中央是想

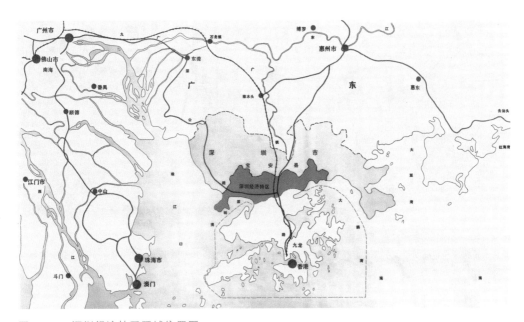

图 4-38 深圳经济特区区域位置图
资料来源：深圳市规划局、中国城市规划设计研究院.深圳经济特区总体规划[Z].1986-03:1.（蒋大卫先生收藏）

通过深圳这样一个特区的建设，实现对外开放的"两个窗口"的作用。所谓"两个窗口"，其中一个窗口是对外的，让境外人士看到中国改革开放后新的经济改革政策、新的管理体制措施，还有各种灵活的制度。如土地制度，深圳特区率先推行了租赁制，迈出了土地有偿使用的第一步。诸如此类，深圳有很多举措。另一窗口是对内，让国内各地学习深圳特区的经验，改革开放的经验。

三、特区规划的基本思路

蒋大卫：承担深圳规划任务，首先碰到的一个问题就是怎么定位，经济特区到底是什么概念？为什么叫经济特区？

十一届三中全会以后，全国已经有了不少的经济技术开发区、出口加工区和工业园区。比如上海，搞了一个闵行开发区，搞了一个虹桥开发区。虹桥开发区面积很小，大概也就是二三十公顷，0.2 平方公里左右，闵行开发区规模稍微大点，但也就是一二平方公里。

虹桥开发区是什么情况呢？当时，上海在市区边缘虹桥地区找了一块地，把它规划成若干小街坊，以租赁形式吸引外资参与投资建设。虹桥开发区主要盖的是办公楼、宾馆、展销馆，此外还有一些商住用房。闵行开发区是加工工业区性质，地块规划成 100 米 ×100 米、100 米 ×200 米，或者 200 米 ×200 米大小的工业

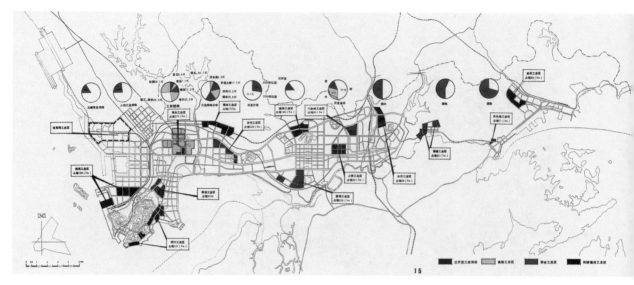

图 4-39　深圳经济特区工业用地分析图
资料来源：深圳市规划局、中国城市规划设计研究院．深圳经济特区总体规划[Z]．1986-03：15．（蒋大卫先生收藏）

街坊，每个地块一两公顷，也以租赁形式吸引外资在这里盖工厂，搞加工工业。闵行开发区和虹桥开发区都搞得很好，但是，它们只是一个开发区而已，只是城市中的一个"角"，而不是一个多功能的城市。除此之外，还有大连开发区，北京亦庄开发区等，情况大致类似。那么，我们到底要规划一个什么样的特区总体规划？当时并没有叫"深圳特区城市总体规划"，就叫"深圳经济特区总体规划"。换句话说，当时并没有明确是要搞一个城市。

我们经过研究后认识到：这样大的地盘（327.5平方公里），它不可能仅仅是工业开发区或者经济技术开发区，它应该是一个多功能的综合性的城市型的地域，当然，是以工业为主的。然而，规划一个城市型的经济特区，并不是大家都赞同或者说看法一致的。经反复斟酌，特区总体规划的文件中把它定位为："是一个以工业为主导、多功能、产业结构合理、科学技术先进、高度文明的综合性的经济特区"。这个定位，直到今天来看，也是准确的（图4-39）。

定位中指出，深圳特区是以工业为主。那么，在这里到底搞什么工业？这又是一个新的问题。深圳特区有300多平方公里，到底是搞重工业，还是轻工业？是搞中小工业，还是搞大工业？当时有位深圳市主管经济的副市长提出，深圳应该搞多少多少万吨钢铁、水泥，以及石化、汽车等，还想引进中东某国一套廉价的石化设备。因为此时我们国家正在积极发展重工业和各种制造业，很热。但是，也有的认为深圳不具备这样的条件，无论是搞钢铁，还是搞石化，搞水泥和建材，都不合适。它土地有限，真正可以利用的土地大概只有150多平方公里。交通条件也不好，只有一条铁路；港口方面，虽有建港的条件，但港口还没建起来，蛇口工业区那里有一个赤湾港，是个小港，没有条件搞大的工业。再有，深圳是一个缺水的城市，制约深圳发展重工业。

工业发展定位问题，社会各界也有研究，有一位专家提出：深圳的工业应该走"轻、小、精、新"的路子。我们认为这比较确切，也就是搞小型工业、轻工业、精密工业、高新技术工业。后来在规划文件里面明确地规定了。现在看，当时深圳特区的工业发展定位是对的，后来深圳的发展基本上沿用了这个定位。设想，如果当时搞了钢铁、石化、水泥等大工业，现在就会有麻烦了。

四、特区的发展规模问题

蒋大卫：深圳特区规划遇到的第二个问题，就是规模问题。给了你 300 多平方公里用地，不等于要把这片用地全部都塞满，将来特区人口到底搞多大规模？是个中等城市，还是个大城市？还是特大城市？

1980 年代时，国家的城市发展方针是很明确的："严格控制大城市的规模，合理发展中等城市，积极发展小城市"。尤其特大城市，是要严格控制的。像上海这些特大城市的规模，一直是严格控制的。

那么，在深圳应怎么考虑？预测人口规模，既有政策风险，又有技术难度。从实际情况看：户籍人口已经有 20 多万人了，再加上暂住人口已经 40 万人，中等城市也快到头了。但从整个城市的发展趋势看，很明显是一个大城市，甚至是一个特大城市。

这个问题的争论很大，但也不宜广泛讨论。不能用现在的眼光来看三十多年前的规划工作。在当年，如果违反政策的话，城市规划就甭干了。

经过反复的研究，又进行了测算，最终确定为 80 万户籍人口，30 万暂住人口的规模。实际上是 100 万人以上，这是很冒风险的一件事。当时确实有顾虑的。

除了人口规模，还有用地规模，110 万人口的城市，用多少地呢？就当时其他城市的情况来看，上海市在 1970 年代末，中心城市（也就是"老上海"浦西区那一片）只有 170 多平方公里，容纳了 600 多万人口，一个人平均只有 30 多平方米。当年的香港大致也是这样的水平，人均 30 平方米左右。北京是人均 80 平方米左右。

国外的情况又怎么样呢？一些发达国家，美国、加拿大、澳大利亚和欧洲的一些国家，大多数的城市，人均用地面积在 200 平方米左右，他们大都采用低密度的模式，独立式或者联排式的低层住宅，绿地多，出行以小汽车为主，停车场多，大片的绿地。我们国内也有高的，新疆、内蒙古、西藏，当时也是 200 多平方米，但是，国内大多数的城市是在 80 ~ 100 平方米。

综合特区用地条件，最后确定规划建设用地为 123 平方公里，如果按期末规划

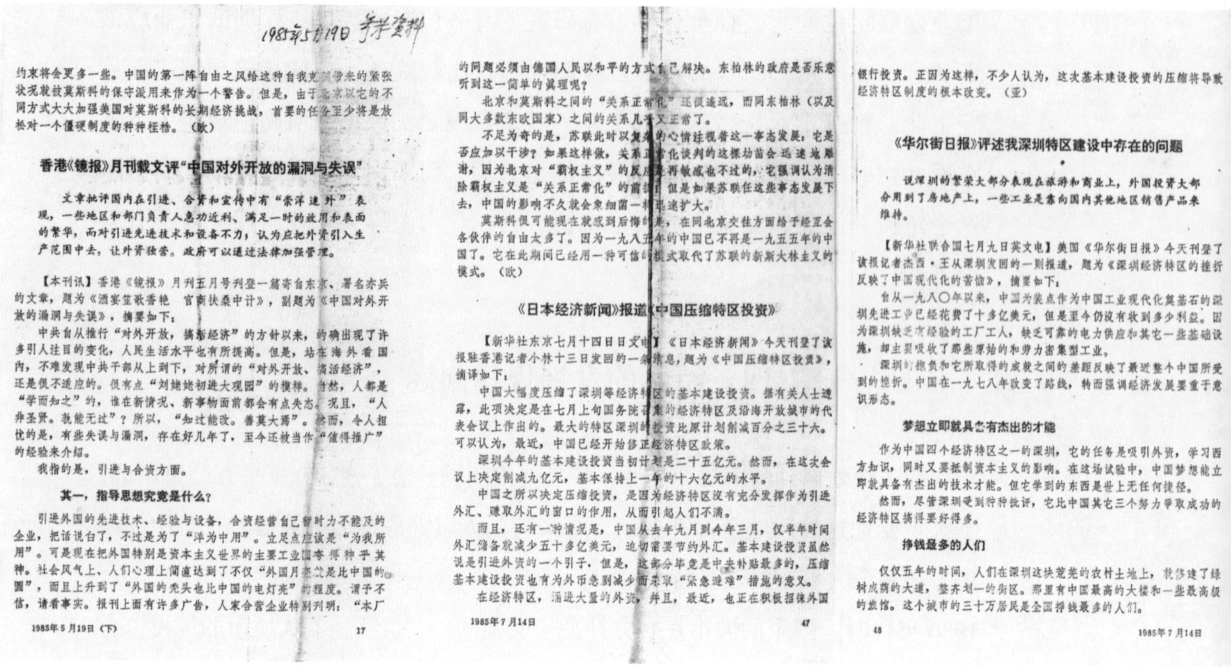

1985年5月19日 参考资料

约束将会更多一些。中国的第一阵自由之风给这种自我克制带来的紧张状况就被莫斯科的保守派用来作为一个警告。但是，由于北京以它的不同方式大大加强美国对莫斯科的长期经济挑战，首要的任务至少将是放松对一个僵硬制度的种种桎梏。（欧）

香港《镜报》月刊载文评“中国对外开放的漏洞与失误”

文章批评国内在引进、合资和宣传中有“崇洋迷外”表现，一些地区和部门负责人急功近利、满足一时的效用和表面的繁华，而对引进先进技术和设备不力，认为应把外资引入生产范围中去，让外资独营。政府可以通过法律加强管理。

【本刊讯】香港《镜报》月刊五月号刊登一篇寄自东京、署名亦兵的文章，题为《酒宴笙歌香艳　官商扶桑中计》，副题为《中国对外开放的漏洞与失误》，摘要如下：

中共自从推行“对外开放，搞活经济”的方针以来，的确出现了许多引人注目的变化，人民生活水平也有所提高。但是，站在海外看国内，不难发现中共干部从上到下，对所谓的“对外开放、搞活经济”，还是很不适应的。很有点“刘姥姥初进大观园”的模样。当然，人都是“学而知之”的，谁在新情况、新事物面前都会有点失态。况且，“人非圣贤。孰能无过”？所以，“知过能改。善莫大焉”。然而，令人担忧的是，有些失误与漏洞，存在好几年了，至今还被当作“值得推广”的经验来介绍。

我指的是，引进与合资方面。

其一，指导思想究竟是什么？

引进外国的先进技术、经验与设备，合资经营自己暂时力不能及的企业，把话说白了，不过是为了“洋为中用”。立足点应该是“为我所用”。可是现在把外国特别是资本主义世界的主要工业国夸得神乎其神。社会风气上、人们心理上简直达到了不仅“外国月亮就是比中国的圆”，而且上升到了“外国的秃头也比中国的电灯亮”的程度。谓予不信，请看事实。报刊上面有许多广告，人家合营企业特别列明：“本厂

1985年5月19日（下）　17

的问题必须由德国人民以和平的方式自己解决。东柏林的政府是否乐意听到这一简单的真理呢？

北京和莫斯科之间的“关系正常化”还很遥远，而同东柏林（以及同大多数东欧国家）之间的关系几乎又正常了。

不足为奇的是，苏联此时以复杂的心情注视着这一事态发展：它是否应加以干涉？如果这样做，关系正常化谈判的这棵幼苗会迅速地凋谢，因为北京对“霸权主义”的反应是再敏感也不过的，它强调认为消除霸权主义是“关系正常化”的前提。但是如果苏联任这些事态发展下去，中国的影响不久就会象细菌一样迅速扩大。

莫斯科很可能现在就感到后悔的是，在同北京交往方面给予经互会各伙伴的自由太多了。因为一九八五年的中国已不再是一九五五年的中国了。它在此期间已经用一种可信的模式取代了苏联的新斯大林主义的模式。（欧）

《日本经济新闻》报道《中国压缩特区投资》

【新华社东京七月十四日日文电】《日本经济新闻》今天刊登了该报驻香港记者小林十三日发回的一条消息，题为《中国压缩特区投资》，摘译如下：

中国大幅度压缩了深圳等经济特区的基本建设投资。据有关人士透露，此项决定是在七月上旬国务院召集的经济特区及沿海开放城市的代表会议上作出的。最大的特区深圳的投资比原计划削减百分之三十六。可以认为，最近，中国已经开始修正经济特区政策。

深圳今年的基本建设投资当初计划是二十五亿元。然而，在这次会议上决定削减九亿元，基本保持上一年的十六亿元的水平。

中国之所以决定压缩投资，是因为经济特区没有充分发挥作为引进外汇、赚取外汇的窗口的作用，从而引起人们不满。

而且，还有一种情况是，中国从去年九月到今年三月，仅半年时间外汇储备就减少五十多亿美元，迫切需要节约外汇。基本建设投资虽然说是引进外资的一个引子，但是，这部分毕竟是中央补贴最多的，压缩基本建设投资也有为外币急剧减少而采取“紧急避难”措施的意义。

在经济特区，涌进大量的外资，并且，最近，也正在积极招徕外国

1985年7月14日　47

银行投资。正因为这样，不少人认为，这次基本建设投资的压缩将导致经济特区制度的根本改变。（亚）

《华尔街日报》评述我深圳特区建设中存在的问题

说深圳的繁荣大部分表现在旅游和商业上，外国投资大部分用到了房地产上，一些工业是靠向国内其他地区销售产品来维持。

【新华社联合国七月九日英文电】美国《华尔街日报》今天刊登了该报记者杰西·王从深圳发回的一则报道，题为《深圳经济特区的挫折反映了中国现代化的苦恼》，摘要如下：

自从一九八〇年以来，中国为装点作为中国工业现代化奠基石的深圳先进工业已经花费了十多亿美元，但是至今仍没有收到多少利益。因为深圳缺乏有经验的工厂工人，缺乏可靠的电力供应和其它一些基础设施，却主要吸收了那些原始的和劳力密集型工业。

深圳的抱负和它所取得的成就之间的差距反映了最近整个中国所受到的挫折。中国在一九七八年改变了路线，转而强调经济发展要重于意识形态。

梦想立即就具备有杰出的才能

作为中国四个经济特区之一的深圳，它的任务是吸引外资，学习西方知识，同时又要抵制资本主义的影响。在这场试验中，中国梦想能立即就具备有杰出的技术才能。但它学到的东西是世上无任何捷径。

然而，尽管深圳受到种种批评，它比中国其它三个努力争取成功的经济特区搞得要好得多。

挣钱最多的人们

仅仅五年的时间，人们在深圳这块荒芜的农村土地上，就修建了绿树成荫的大道，整齐划一的街区。那里有中国最高的大楼和一些最高级的旅馆。这个城市的三十万居民是全国挣钱最多的人们。

48　1985年7月14日

图4-40　周干峙先生寄给蒋大卫先生的参考资料(部分)

资料来源：蒋大卫提供。

人口规模110万人计算，人均面积在110平方米左右，超过了国内平均水平，更超过了国内特大城市70 ~ 80平方米的水平。并且在规划中预留了沿深圳湾东岸及前海湾的发展用地。2000年以后，随着特区内可用地越来越少，这些预留用地陆续开发利用，验证了规划的前瞻性。

这份材料是周干峙寄给我的，上面这几个字(图4–40，左图右上角标注有“1985年5月19日参考资料”)是周干峙写的，这是我们正在编规划的时候，1985年5月19日寄给我的。因为深圳改革开放一段时间后，出现了一些新问题，这个材料大概是《内参》上登的，他复印寄给我的，上面有《华尔街日报》对深圳建设存在疑问、《日本经济新闻》报道中国压缩特区投资建设等消息。可能深圳的基建投资多了，有关方面研究是否要压缩。在一年内外汇减少50多亿美元。当年，50多亿美元对国家来讲就是件大事了。

我们编规划的时候，有各种各样的议论，对我们有一定的压力。周干峙同志寄给我这份材料，意思是让我参考、考虑，他并没有说你应该这样做或者应该那样做。

访问者：当年您看了这份材料，对规划工作有什么影响吗？

蒋大卫：是有影响的，比如规模到底搞大一点还是小一点。国家会不会压缩特区投资，如果要压缩外汇，对特区的发展是有影响的。

在这种形势下，我觉得不能太冒险，也不能太保守，尽量要把握住这个度。现在看来，当年的那个度定得差不太多，而人的预见性也是有限的。

图 4-41　深圳经济特区总体规划图
资料来源：深圳市规划局、中国城市规划设计研究院．深圳经济特区总体规划 [Z]．1986-03：8．（蒋大卫先生收藏）

五、特区的规划布局问题

蒋大卫：深圳特区规划碰到的第三个问题就是布局问题（图 4-41）。

特区是一带状用地，东西长达 49 公里（北京从石景山到建国门大致在 30 公里
左右），而南北平均宽约 7 公里，窄处达不到 4 公里，它东起大鹏湾，西至珠
江口，北有莲花山，南以深圳湾、深圳河为界，与香港新界相邻。

深圳的生态环境非常优越，三面环水，一望无际，碧蓝的大鹏湾，大小梅沙的
白色沙滩、珠江口的伶仃洋、深圳湾、莲花山、梧桐山、红树林、荔枝林等自
然景观，都给深圳的未来创造了良好的绿化条件。

1984 年，总规启动前，深圳已形成了罗湖、上埗、蛇口、华侨城、香蜜湖、沙
河（工程兵营地）、大小梅沙等大小不等的建成区，互不相连，当时唯一相通
的深南路，只是一条宽约 10 米的砂石路，对外界联系仅有广深铁路与广深公路，
没有机场，蛇口有一个千吨级别的赤湾港。

如何在这样的地形、地貌条件下，根据城市的定位、规模，通过规划，把这些
分散的片区有机地组合起来，形成一个布局合理、能适应特区有序发展的规划
结构，确实不容易，让我们苦思冥想，付出了很大努力。

我们认真做了调查研究，摸清了土地利用的现状，并广泛征询了各方面的意见，
心中才有了底。这个规划应有四个优先、一个齐全：即环境优先、交通优先、
居住优先、工业优先，以及配套齐全。

首先是环境优先（图 4-42、图 4-43）。当时还没有"生态城市""园林城
市""低碳城市""海绵城市"这些提法。所谓"环境优先"，就是绿化优
先，要做一个标准较高的"绿化系统"规划。张国强同志带着几位同事跑遍
了特区每一个山头、林地、草地、滩涂，每一个有发展前景的景区、景点，

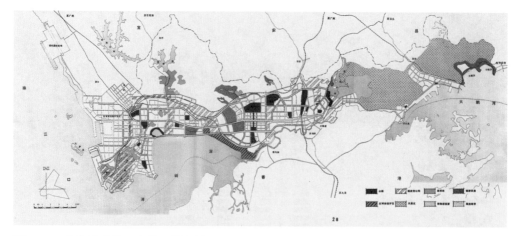

图 4-42　深圳经济特区绿化系统规划图
资料来源：深圳市规划局、中国城市规划设计研究院．深圳经济特区总体规划 [Z]．1986-03：28．（蒋大卫先生收藏）

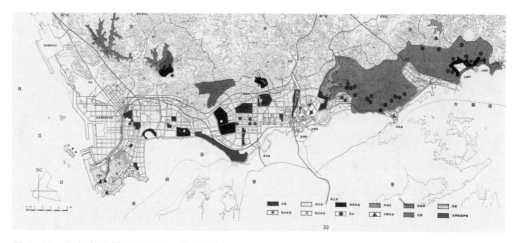

图 4-43　深圳经济特区风景区及旅游规划图
资料来源：深圳市规划局、中国城市规划设计研究院．深圳经济特区总体规划 [Z]．1986-03：30．（蒋大卫先生收藏）

做出了一个包括 22 个市／区级公园、140 公里长的沿街绿带及滨海绿带，一个近郊风景区等，使特区人均公共绿地面积达到 17.8 平方米（当时上海人均公共绿地面积不足 1 平方米，北京也不到 6 平方米）。

经过三十多年的发展，这个绿地系统大部分实现了。今天，深圳生态环境、景观环境之所以得到社会公众的认可，与当年的绿地系统规划所打下的基础是分不开的。

其次是交通优先（图 4-44）。一开始，我们就意识到深圳必须有一个全方位的交通体系，必须有自有的机场、港口、高速公路、普通公路，以及现代化的城市道路系统，构成一个有机的全方位的交通体系。特区是个狭长的城市，广深铁路以及准备修建的广深高速公路自北向南、向东南插入城市，与香港连接，口岸都在南端，工业将分散布局，未来城市车流、人流肯定是以东西向交通为主，南北向为辅。当时，机场、港口、高速公路的选址、选线都在进行，且争论未定局。城市道路系统还没有形成框架，城市用地中穿插了许多农民村、渔民村，任何一条道路走向的选择都会遇到困难。周干峙同志很重视，请谢小郑同志用电脑模拟了一个以公交为主、小汽车和步行为辅的 2000 年的道路交通量（图 4-45）。

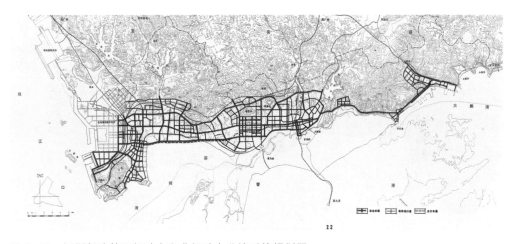

图 4-44　深圳经济特区机动车和非机动车分流系统规划图
资料来源：深圳市规划局、中国城市规划设计研究院．深圳经济特区总体规划 [Z]．1986-03：22．（蒋大卫先生收藏）

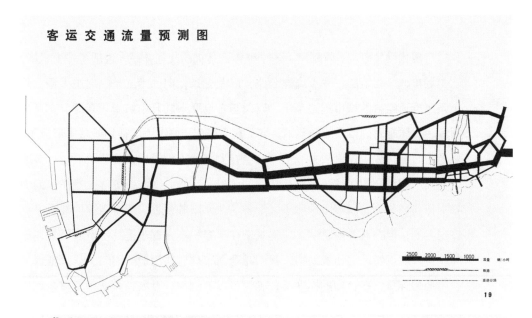

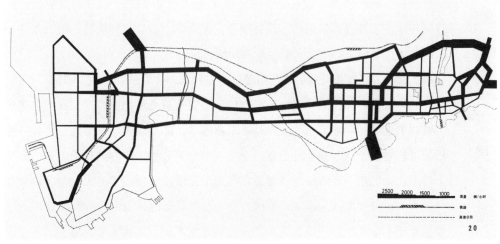

图 4-45　深圳经济特区交通量预测图
资料来源：深圳市规划局、中国城市规划设计研究院．深圳经济特区总体规划 [Z]．1986-03：19 ～ 20．（蒋大卫先生收藏）

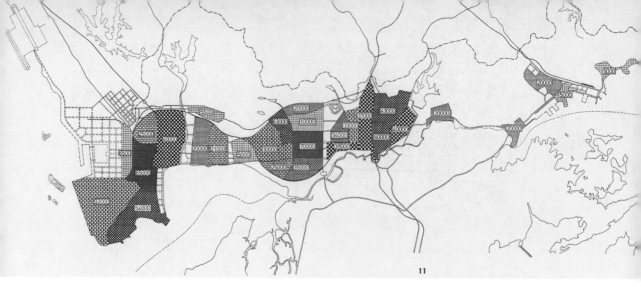

图 4-46　深圳经济特区人口分布图
资料来源：深圳市规划局、中国城市规划设计研究院. 深圳经济特区总体规划[Z]. 1986-03: 11.（蒋大卫先生收藏）

我们对现状反复研究，规划出了一个整体、有机的交通体系，包括了一个机场、三个港口，一条铁路，一条高速公路，以及三条横向、十二条纵向主干道，几十条次干道组成的城市道路系统，以及与香港联系的几个口岸规划等。交通规划成为总体规划的重头戏和基础。有了它为骨架，城市大的格局就基本形成了。

再者是居住优先。特区成立以后，已经在罗湖、上埗等地建成若干低层、多层或多高层相结合的居住小区和街坊。如团岭、红岭、滨河，等等。我们咨询中心工作与居住均在园岭。这些小区配备了公共服务设施，当时在国内都属于比较完善的，但在利益的驱动下，建筑密度、容积率在逐步提高，引起了规划局的注意。所以特区总体规划中，我们在全面布局居住用地的同时，认真推算了各用地的容量，在合理的标准下，确保可以容纳 100 万人，并适当留有余地，选择的居住用地靠近工作场所、出行方便、绿化条件好的位置。

我们意识到良好的居住环境对一个城市是何等重要。我们规定的容积率都是中等密度的，是经济的，也是宜居的（图 4-46、图 4-47）。但我们没有预想到以后房地产市场炒作带来的一系列问题。但总体上看，深圳居住、生活条件是好的，居住环境是好的，人们愿意在深圳长住。

还有工业优先。改革开放后，我国经济的发展起初主要依托工业，即第二产业，因此总体规划中，把工业用地布局也放在重要位置来考虑。当时，深圳已建成了蛇口工业、上埗工业区、八卦岭工业区等，都是以多层厂房为主体。一栋厂房可容纳几十户，甚至是上百户企业，一个工业小区可容纳几千工人，甚至上万工人；工业小区的用地规模通常在几十公顷（还包括了工人宿舍、食堂办公楼等）。这种模式大都来自中国香港、新加坡等地，与国内传统工业区、工业企业动不动几平方公里、几十平方公里截然不同；土地集约使用，工业运输以汽车为主，对城市干扰较小。这种以多层厂房为主体的发展模式能适应各种轻、小、精、新的企业。所以，总体规划中，我们没有规划大的工业区，而是

图 4-47　深圳经济特区居住用地分布规划之容积率图
资料来源：深圳市规划局、中国城市规划设计研究院．深圳经济特区总体规划[Z]．1986-03：14．（蒋大卫先生收藏）

采用了分散布置工业小区的方式，这样的好处一是不占用大片成片土地；二是可以与居民区靠近，上下班方便；三是选择的工业用地靠近铁路、火车站场附近，运输方便、节约。

最后是配套齐全。除了用地布局外，在供水、排水、防洪、电力、电信、环保、公共交通等市政工程方面，都采用较高的标准加以安排。院里派了多位工程师参与了工作。尤其是对水源进行了反复的研究，深圳是缺水城市，还要承担给香港的部分供水，能否确保城市发展，是否从东江引水等，研究了很长时间。就不细说了。

访问者：蒋先生，当年深圳特区的规划布局，后来实现的情况如何？有没有变化比较大的情况？

蒋大卫：大部分都是按照规划实施的，局部后来也有些变化。特别是 2000 年以后，随着房地产业的兴起，有一些调整。比如说上埗工业区，当时已经有一定规模了，它主要是做电子元件的，进口电子元件组装成各种电子产品，叫电子工业区。随着时代的变迁，这种电子元件组装慢慢被淘汰，而这块地却是在城市很重要的位置，土地有偿使用以后，它的地价就很值钱了，厂房相对来讲就不怎么值钱。上埗工业区先是由一个电子工业区变成了一个电子市场，后来又逐步淘汰，到最后全部拆掉了，盖成了高层建筑，有的是办公楼，有的是住宅，这就是市场经济条件下的一些变化。这实际上就是产业结构的调整，这种调整应该说是良性的。

深圳经济特区的规划，编制工作花了一年半的时间。如果说到最后成果印刷出来，大概花了两年时间（图 4-48）。中规院做过很多规划，但是，长时间待在一个地方，一年多泡在那里做规划，是为数不多的。

深圳特区规划编制工作，是由年轻人为主、老中青结合的队伍承担，那时候参加这个规划的一些年轻人，现在都是中规院的骨干了。

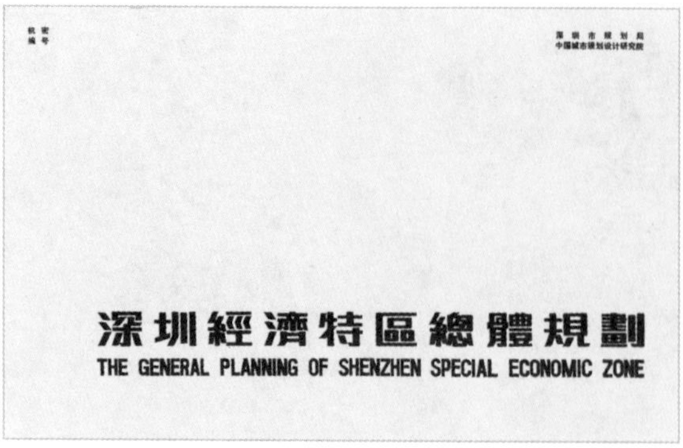

机密
编号

深圳市规划局
中国城市规划设计研究院

深圳經濟特區總體規劃
THE GENERAL PLANNING OF SHENZHEN SPECIAL ECONOMIC ZONE

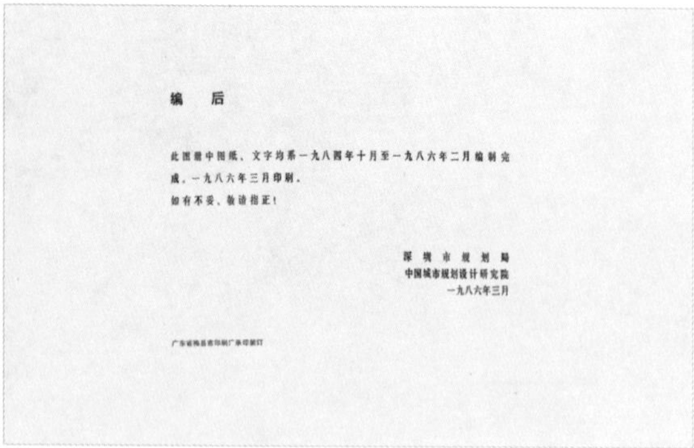

编　后

此图册中图纸、文字均系一九八四年十月至一九八六年二月编制完成，一九八六年三月印刷。
如有不妥，敬请指正！

深圳市规划局
中国城市规划设计研究院
一九八六年三月

图 4-48 《深圳经济特区总体规划》成果扉页（左）及尾页（右）
资料来源：深圳市规划局、中国城市规划设计研究院．深圳经济特区总体规划 [Z]. 1986-03.（蒋大卫先生收藏）

六、特区规划思想之渊源

访问者：关于深圳特区规划，想向您请教几个问题。改革开放以后的城市规划恢复，像唐山地震后恢复重建规划和兰州、西安等八大重点城市的第二轮总体规划，基本上还是延续老的计划经济时期的规划方法。真正与改革开放相契合的城市规划工作，还是从深圳开始的，借用徐钜洲先生的说法是：“深圳经济特区引领了全国。”①深圳特区的规划思想，究竟是怎么突破了原来计划经济时期的规划模式？包括“一五”时期计算城市人口比较有名的劳动平衡法，划分三类人口（基本人口、服务人口和被扶养人口），深圳特区规划就没用这个办法。深圳特区的规划思想，具体来源自哪些方面？

蒋大卫：改革开放以后，中国城市规划在编制程序、审批办法等方面还沿用早年学习苏联的模式；但规划思路、方法、图纸表达等方面已融合了欧、美、日本，以及我国香港等的模式，并且逐步形成了具有中国特色的规划模式，经过三十多年的努力，加上各种行政法规、技术法规的推行，应该说较之其他部门的规划显得比较成熟。当然，近几年，在新形势下又有许多新问题需要面对。

至于城市人口规模的预测，现在恐怕很少采用“劳动平衡法”了。因为三类人口的划分非常困难。什么叫被抚养人口？概念已经大大变化了。

城市总体规划中，人口预测工作很重要。在经济发展与人口政策比较平稳的条件下，城市人口机械增长与人口的自然增长是有规律的。如果从一个较长的时间（如 15 ~ 20 年）来看，便可找到规律。按这种规律去预测规划期末的人口还是可靠的。我看到 1980 年代做的一些城市总体规划，所预测的 2000 年人口

① 2017 年 2 月 23 日，访问者给徐钜洲先生呈送《城·事·人——新中国第一代城市规划工作者访谈录》第一、二、三辑时徐先生的谈话。

规模还是蛮准的，出入不是很大。

在特区总体规划编制时，"城市规划法"及各类技术规范都没有出台，从某种程度上讲，当时的条件提供了在规划思路与方法上可以大胆探索、尝试的机会。如用地分类中，我们就破除了苏联的"生活居住用地"概念，而是使用了"居住用地"概念。在道路网络上，放弃了苏联追求形式搞轴线对称路网，也没有采用纽约等西方城市用丁字尺、三角板画成的方格路网，而是就地形、地貌，因地制宜地设计路网，等等。

访问者：1980 年代，您做的一些规划项目，通常采用的人口预测方法是什么？

蒋大卫：我比较多的是按照自然增长率和机械增长率这样一个数据来推算。

访问者：我问的问题可能不太礼貌，深圳因为是特区，它非常特殊。那么，自然增长率和机械增长率这样的预测方法还适用吗？

蒋大卫：深圳的发展规律比较特殊。在短短几年时间内，深圳就已经从几万人发展到几十万人。如果按当时的发展速度来预测，规模就非常大了。当然，也不能按国内的城市发展规律来预测。

实际上，深圳的发展规模这个问题，是带有一定的战略性或者政策性的推测。另外，人口预测也是与可使用的土地容量相关的。

当年深圳特区的人口预测，就是 80 万（户籍人口）加 30 万（暂住人口）。后来的实际情况如何呢？就深圳特区的范围而言，2001—2002 年的人口也就是 150 万人左右（我没有找到特别准确的数据），而户籍人口与暂住人口的比例是相反的，是 3∶8 的比例，因为深圳严格控制户籍人口。

当时搞深圳特区的人口预测，我是反复推算的，按不同的增长率推算。最后是采用 3% 左右的增长率，这在全国大城市当中已经是比较高的比例了。但现在来看，深圳的社会经济发展实在是太快了，大大超出了当时的想象。

七、特区规划的示范意义

访问者：想向您请教的第二个问题是，深圳特区规划影响了改革开放后一大批城市的规划工作，比如说城市结构分析、对居住用地规模比较重视等，这些做法，后来在其他一些城市的规划编制工作当中，也得到了重视和应用。您怎么看待深圳特区规划的示范性？

蒋大卫：历史的机遇，加上中规院对我们工作的支持与放手，使我们在编制经济特区总体规划时可以大胆地探索和尝试，可以在技术上吸取境外一些新的理念和方法，可以采用高于内地城市较先进的或较高的标准。这些在以后内地城市规划中起了一定的示范或推动作用。

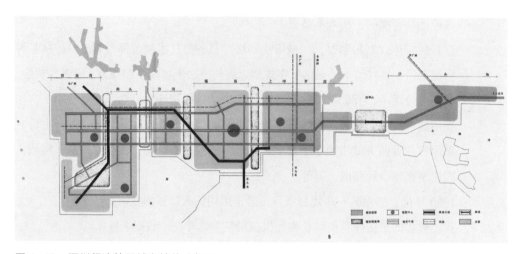

图 4-49　深圳经济特区城市结构分析图
资料来源：深圳市规划局、中国城市规划设计研究院. 深圳经济特区总体规划 [Z]. 1986-03：14.（蒋大卫先生收藏）

比如，我们在总体规划中做了"交通规划"，全方位来考虑城市交通问题，规划考虑了小汽车通行的道路网系统，规划了几十个国内还少有的立交桥，等等，从而带动了以后不少城市去编制城市交通规划；又比如，我们大胆破除了"生活居住用地"的概念，规划中使用了"居住用地"概念，提倡成片区、成居住区来组织住宅建设；采用了大大高于国内特大城市的绿地标准，沿海、沿街道规划了上百公里的绿带，带动了一些城市提高了规划绿地标准；在图纸表达、文字说明等方面也都有所创新。当然，深圳经济特区总体规划的技术思路与方法也不是万能的，不能照搬照抄。

我们在规划图纸中做了一张带状组团式用地布局结构图（图 4-49），这张图曾受到许多规划工作者的赞赏。但深圳的带状组团式用地结构是深圳经济特区地形、地貌及行政区划条件下形成的，固然是有特色，是符合当时深圳发展的条件的，但如若简单地搬用、复制，就会带来相反的效果。在特区规划后不久，另一个特区城市重复了这种用地布局结构，但这个城市的地形、地貌及行政区划条件不同于深圳，这个模仿规划，反而带来不少功能上及管理上的麻烦。

我想，最重要的是，任何一个城市都应根据自身特点，在国家的大政方针的指导下，大胆吸收先进的规划思路与方法，来规划自己的城市。让城市总体规划为城市发展提供一个很好的平台、很稳当的平台，不给它添乱，要为城市提供长期的管理依据。

深圳特区规划在全国有一定影响，但不一定夸大到什么程度。像徐院长[①]那样讲，

---

① 　1983 年 11 月至 1991 年 7 月，徐钜洲先生曾任中国城市规划设计研究院副院长。

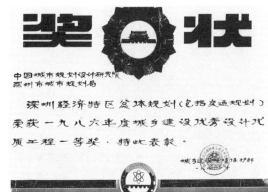

图 4-50 "深圳经济特区总体规划（包括交通规划）"项目获奖证书（1986 年，城乡建设优秀设计优质工程一等奖）
资料来源：蒋大卫提供。

是有点过奖了。

我参加过的"居住区详细规划的研究"课题，在 1985 年获得过城市规划界的第一个国家科技进步奖（三等奖）。后来主持"深圳经济特区总体规划"，在 1986 年获得城市规划界的第一个全国优秀城市规划设计一等奖（图 4-50）。这是我获得的第二个"第一"。

八、特区规划中交通方面的一项重大创新

访问者：我还有一个疑问。当年的深圳特区规划，据说在交通方面有一个重大的创新，可以申报国家科技进步奖或者技术发明奖，具体来说就跟香港的交通转换，咱们大陆这边靠右行驶，香港是靠左行驶，在深圳和香港的道路衔接过程当中，怎么样把两条路转换、衔接好，好像是交通方面的一个重大创新。据说这个问题的解决，有 3 位同志的贡献比较突出。谁的贡献最大？您清楚吗？

蒋大卫：这个事情说来话长，我既有清楚的地方，也有不清楚的地方。

深圳搞了一段时间的总体规划后，周干峙同志对罗昌仁副市长说：深圳的城市交通问题很重要，准备在深圳咨询中心下面再成立一个交通分部。罗昌仁答应了，也同意给一些钱，中规院就把原来交通所的一些同志调过来，成立了交通分部，他们主要做深圳的交通规划。但因为深圳的城市道路交通规划已经在总体规划编制过程中做好了，他们只能做一些局部地段的工作，如罗湖火车站广场的改建规划、罗湖步行街的规划、罗湖铁路与道路立交改造规划，等等。

大概是 1986 年，院里组织报奖，交通所报了一个"深圳特区道路交通规划"项目，申报国家科技进步奖，当时院里征求意见，我提出：从城市道路交通规划来讲，主要是我们"深圳经济特区总体规划"项目组做的，所申报项目的内容也都是从总体规划文件中提取出来的。

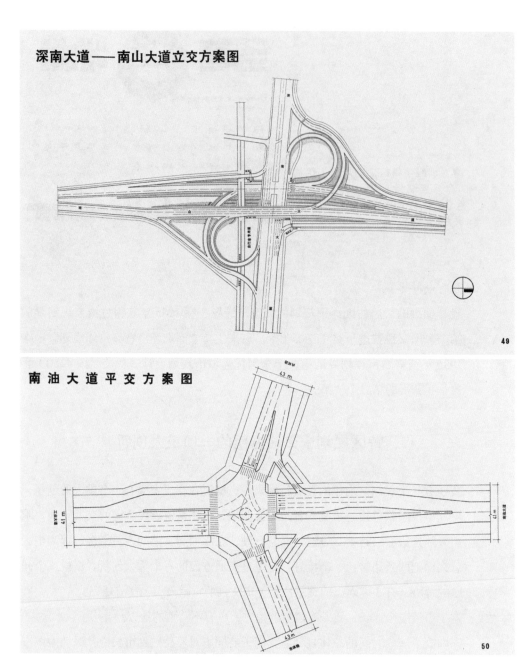

图 4-51　深圳经济特区总体规划中交通规划设计的部分成果

资料来源：深圳市规划局、中国城市规划设计研究院 . 深圳经济特区总体规划 [Z]. 1986-03：49 ～ 50.（蒋大卫先生收藏）

在"深圳经济特区总体规划"项目组中，倪学成在深圳道路交通规划方面做了大量的工作（图 4-51），他的贡献较大。后来成立交通分部的时候，他没有过去，一直在"深圳经济特区总体规划"项目组工作。建设部第一次颁发全国优秀城市规划设计奖，"深圳经济特区总体规划"获得了一等奖，他也得了奖，排名第三，我和宋启林并列排名第一。

你所讲的落马洲口岸出入口，倪学成也做了设计方案（图 4-52），就是你所说

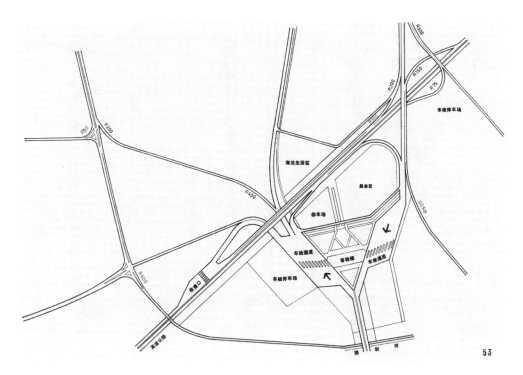

图 4-52　深圳经济特区皇岗联检站规划方案图
资料来源：深圳市规划局、中国城市规划设计研究院．深圳经济特区总体规划[Z]．1986-03: 53.（蒋大卫先生收藏）

的左转、右转，他想了很多办法。但是，实施的方案是不是倪学成做的，我不清楚。好像是隔了多年后，孙安军同志任深圳分院院长时另接的一项任务，并不是一回事。后来有没有再申报科技进步奖，我也不清楚。

九、周干峙先生对深圳经济特区规划的关注

访问者：1986年5月，深圳成立了一个城市规划委员会，有一批顾问，周干峙先生是首席顾问。据说，他经常拉着陈占祥、任震英和吴良镛等先生一块儿去深圳开会，我听那个意思是对抗一些老外（国外专家），当时深圳的一些建设项目经常有些老外一块儿参与。除了您刚才提到的一些事情外，周部长对深圳特区规划还有哪些指导或帮助？

蒋大卫：就我在深圳搞规划的那段时间而言，周干峙同志去了六七次，或者再多一点。开始时，他是中规院院长，同时又是这个项目的组织者，它非常重视这个项目。但他不具体参与规划编制工作，更多的是谋划和协调。到1985年底（12月），他升任城乡建设环境保护部副部长，但他仍关心深圳的规划工作。深圳市政府也很尊重他，有些重要的建设项目出现问题，也请他来咨询。

周干峙同志最关心的是深圳经济特区的交通规划。大约在1985年三四月间，他

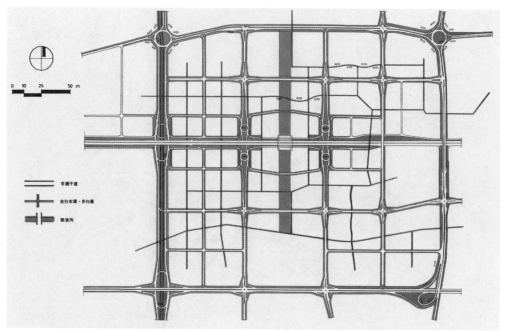

图 4-53　福田中心区道路网规划方案
资料来源：深圳市规划局、中国城市规划设计研究院 . 深圳经济特区总体规划 [Z]. 1986-03：41.
（蒋大卫先生收藏）

　　亲自向当时的深圳市委书记梁湘汇报过一次"交通规划"，我参加了。汇报的主
要内容就是深圳 2000 年交通流量的预测及对策。周干峙汇报后，梁湘似乎听不
明白，他更关心的是特区的总体规划，话题一转问：深圳总体规划什么时候拿出
来？又说了一些对总体规划的想法，要求总体规划尽快开展起来，等等。会后，
周干峙同志意识到市里更重视总体规划，要求我们尽快集中力量编制总体规划。
周干峙关心福田中心区规划。福田区当时是深圳特区一块尚未开发的用地，又
处于特区的中心位置，有三十多平方公里土地可以利用。在做规划时，他提出
要在福田中心规划一条有 100 米左右宽的绿带（Mall）的中央大道（像华盛顿
DC 宪法大街），北端以莲花山为对景，在中央大道（南北向）与深南大道（东
西向）相交处建一栋超高层建筑，建筑采用钢结构，它的四条腿跨在交叉点所
形成的四个象限（东北、东南、西北、西南）上，高层建筑在四条腿上架起，
下面可通行车辆，这栋建筑犹如巴黎的埃菲尔铁塔一样，将成为深圳的地标性
建筑（图 4-53）。从而把深圳的市中心从罗湖引到这里。
为此，刘洵藩同志配合做了深南路两侧其他交叉口的详细规划，也规划了多栋
高层建筑；倪学成同志配合做了深南路两侧交叉口的立交桥设计；余庆康副总
工程师配合他们的设计，画了一张全景的鸟瞰图；最后，这块中心区又请人做
了一个大模型（图 4-54），记得好像还运回了北京。这项工作花了很多精力。
另外，香港有位港商叫胡应湘，他提出出资帮深圳修一条广深高速公路。深圳

图 4-54　深圳经济特区福田中心区规划模型
资料来源：深圳市规划局、中国城市规划设计研究院.深圳经济特区总体规划[Z].1986-03：42.（蒋大卫先生收藏）

市当然乐意，胡先生也友好。但当设计方案出来时，规划局、环保局等提出异议。因为它的选线一是占用了福田区的红树林国家自然保护区，二是与福田区东西向道路均是斜交，有的还是平交。

深圳市政府专程请周干峙同志及陈占祥总工程师来深圳与胡先生协调（图4-55）。记得那次会是周鼎主持的。我们也带着规划图纸去了。胡先生解释，这样走拆迁少，线路短，施工方便，等等。周干峙同志简单阐述了我们的观点后，请陈占祥同志用英语与他交谈（陈先生不会讲广东话，普通话也讲不好），胡先生知道陈先生是英国皇家建筑师学会会员、著名建筑师，也知道高速公路穿越国家自然保护区是不行的、标高也应抬高，不然很多施工问题不好解决。所以谈了没多久，就同意了我们的意见，并答应尽快提交新的线路方案①。

再一件事是，深圳市当时建了一个全高层住宅小区——白沙岭，请同济大学一位教授做的设计。这可能是中国第一个全高层住宅区，很特别，圆弧形的建筑。罗仁昌副市长请周干峙同志和陈占祥总工去考察，这个项目当时还没建成使用，有一些不同意见，罗问周、陈这样的设计可行不可行，还问了一些具体问题。

陈总说：可以吧，但不宜盖得太多，造价太高，经营费用也高。周同意陈的意见。

还有一件事是：国家侨委在银湖建了一个度假村，十分高档，由于营业业绩很好，侨委想扩建，由廖辉主任亲自出马，要市里再给点地，但深圳市似乎另有考虑，所以请周干峙同志出面与他协商，此事好像当时没有结果，但廖辉很客气，大

---

① 对此事的进一步了解，可参见：

周干峙.中规院踏足深圳之始[R]//五味集——中国城市规划设计研究院深圳分院二十周年·文集.2004：16；

乔恒利.周干峙、陈占祥与胡应湘的一次不寻常的交流[R]//五味集——中国城市规划设计研究院深圳分院二十周年·文集.2004：48；

倪学成.罗湖——铁路高架纪事[R]//五味集——中国城市规划设计研究院深圳分院二十周年·文集.2004：49-50.

图 4-55　陈占祥先生到深圳指导规划工作（1984 年底）
注：朱荣远（左 1）、胡开华（左 2）、乔恒利（左 3）、陈占祥（左 4）、宋启林（左 5）、郑广大（右 4）、易翔（右 3）、蒋大卫（右 2）、李迅（右 1）。
资料来源：蒋大卫提供。

意是请市里再研究。再一件事是机场选址问题，我下面再说。

我记忆中，周干峙同志没有直接针对总体规划总图顾问过，但他请了二位同志来深圳研究过总体规划。一位是王凡，他当时是城乡建设环境保护部规划局局长；另一位是任震英。

王凡来深圳大概在 1985 年夏初，他只带了一位助手。我们在圆岭住处接待了他，在厅里一张乒乓球桌（也是我们的画图桌）边向他做了汇报。他事先在深圳转了一圈。听完汇报后，记得很简单地说了几句，意思是：过去我来深圳很少，对这个城市不大了解，现在听了你们的介绍，让我有了较完整的认识了。城市总体规划关键是把握好一个"度"，你们的"度"把握得还可以。从一定意义上说，他肯定了我们的规划，我也松了一口气。

任震英同志可能来过两次或三次。一次是为福田规划来的，福田中心这条中轴线的绿带有可能也包含着他的主意，我记不清楚了。后一次是周干峙（那时他已升任副部长）委托他来看最终的图纸，那时我们已在画彩图了，我原以为他会对规划提出什么意见或建议，结果他对规划内容没有提出任何意见和建议，而只是对图纸中什么用地应该画什么颜色讲得很细。

陈占祥同志（当时他是中规院总工程师）多次随周干峙同志来深圳，但他大多

图 4-56 "深圳经济特区总体规划"成果独特的表达方式:每张图配一页对应的文字说明
资料来源:深圳市规划局、中国城市规划设计研究院. 深圳经济特区总体规划 [Z]. 1986-03: 12.(蒋大卫先生收藏)

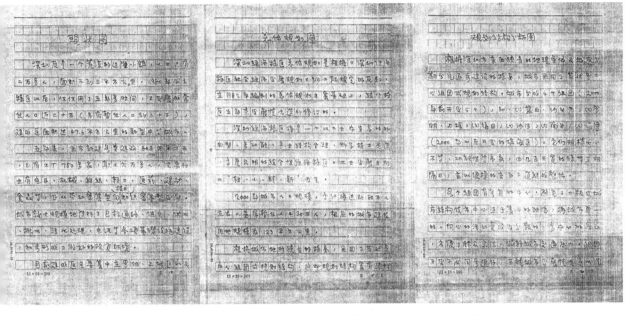

图 4-57 蒋大卫先生手稿:"深圳经济特区总体规划"说明书(部分,复印件)
资料来源:蒋大卫提供。

是参与市里的一些咨询工作,较少过问总规的事。他英语非常好,标准的伦敦音,比普通话讲得还要好,平时他讲的是宁波话,咨询中心青年人大多是北方人,听不懂他的宁波话,我是浙江人,所以交流比较方便。对总体规划上的事他比较谨慎,不轻易发表意见。

到最后,周部长或者是院里请邹德慈同志(那时他是副总工程师)来深圳,仔细看我们的图纸与说明书,我们采用一张图配一张说明,我写好一页说明就交给他,他对照着图看,直到说明全部写完(图 4-56、图 4-57)。他在圆岭停留了有好几个星期。最后,我问他要不要签字什么的,他说不用了。

图 4-58　蒋大卫、张启成和王健平先生在一起（2004 年 10 月）
注：蒋大卫（左1）、张启成（左2）、王健平（右1）。
资料来源：蒋大卫提供。

此外，张启成（时任院党委书记）（图 4-58）、徐钜洲（时任副院长）也都先后来过，具体情况我记不很清楚了。

总的感觉，对深圳规划，院里和周干峙同志是很重视的，也十分关心。他们没有在技术问题上指手画脚，定什么框框，比较放手。

接近完成时，我跟罗昌仁副市长汇报过深圳特区规划，也是在我们圆岭小区里；最终成果是在深圳市规划局汇报的。梁湘那边，也非正式地汇报过。当时不像现在有严格的程序：先纲要，再成果。纲要要评审，成果要评审，专家咨询，还要公示等。当时，这些程序都没有，比较简单。最后深圳市规划局通知我们，要把成果印刷出来上报省政府，好像他们还给了印刷费。结果在深圳还找不到合适的印刷单位，所以这本成果是在粤东某地印刷的。那是 1986 年的事了。

访问者：深圳市的领导中，有一个跟我的名字很像的，叫李灏。据说这个名字是他到广东工作以后改的，他原来的名字也叫李浩，跟我的名字一模一样。这方面的情况您了解吗？

蒋大卫：我没见过这个人。我们搞深圳特区规划的时候，深圳市的书记兼市长是梁湘，副书记是周鼎，主管城市建设规划的副市长是罗昌仁，还有一个女的副市长，主要是跟他们这几位领导打交道。

十、关于深圳机场的选址问题

访问者：还有深圳机场选址的事情，您了解吗？

蒋大卫：深圳机场这个事情，经过几波的讨论。我了解的是1984—1985年前后的情况。但是，这并不是政府层面的事情，可能是香港的规划界、航空界或者是其他方面提出来的，具体说也就是想在深圳湾那里建机场。当时，香港的启德机场已经酝酿要搬迁了，可能香港找不到更合适的地方，就想在深圳这里建。我觉得这不是一件很现实的事情。

他们出这个主意，有机场方面的原因，另外一个原因是当时香港还没有回归祖国，他们觉得深圳发展起来，会对香港有影响。实际上，这是件不大可能的事情，因为一旦在深圳湾建机场，机场的侧净空影响范围就会使整个深圳经济特区的用地基本上不能用了。另外，一旦在深圳湾建机场，把深圳湾填埋掉了，虽然深圳湾不是很大，但它仍然是雨水和海潮吸纳的地方，对生态会有很大的影响，这是不可能的事情。

这个事情，可能在深圳或者其他地方都引起一些反响。后来，周干峙同志知道了这个事情，我正好在北京，他让我去了一次民航总局。在国家美术馆对面有个民航大楼，里面有民航总局的规划院，规划院里有位总工程师，是周干峙同志在清华大学的同学。周干峙跟我讲，他已经跟那位总工程师联系好了，他就是管全国机场选址的，让我去找他。

周干峙给我了一个电话，我跟那位总工程师联系了，约定好时间就去了。去了以后，那位总工程师很客气，他说没问题的，已经做了很多工作，基本上定案了，机场就在黄田一带，那里一半是占用陆地，一半是填海。机场尚需研究的问题：一是究竟填海多一点，还是填海少一点。另外，机场跑道的方向跟风向有关系，到底是选择偏东一点，还是偏西一点。这两方面的问题还要进一步做工作，但是，大的位置基本就选在黄田那里了。他说他们已经做过很多经济比较。

那次去民航总局规划院，他给了我一套资料，他说：你们的总体规划，把机场定在黄田是没什么问题的。这样一来，我就放心了。我回去后跟周干峙讲了这些情况。并把这些资料带到深圳。以后我们的总体规划方案就是按照那位总工程师提供的方案确定的。

访问者：那位总工程师叫什么名字？

蒋大卫：我记不得了，是周干峙的同学。关于深圳机场，当时比较有争论的问题，主要是广深高速公路没有完全跟机场连接起来，是不是要另外修条公路呢？按照当时的设计，从机场出来有个联检站，怎么进去？因为它已经在特区"二线"以外了。高速公路与机场连接的问题应该怎么处理？想了好几个办法。包括余庆康总工，他也提出了一些建议。余总在深圳待了蛮长的时间。[1]

十一、对深圳特区 30 多年发展演变的评价

访问者：蒋先生，您从 1984 年去做规划时算起，深圳特区的发展到现在已经走过了 30 多年，对这个城市后来的发展和演变，您如何评价？

蒋大卫：深圳特区的发展非常快。当时我们做规划的范围主要是"二线"以内的特区范围。但是，由于体制上的原因，特区以外管理权力下放，区政府、乡政府，甚至村政府都可以出让出租土地，可以引进项目，这样一来，就有点乱了。而这些地方又没有好的规划，有的只是局部的规划，有的是不规划、乱规划。这样一来，特区范围以外的 1600 多平方公里的建设比较混乱，而且效益很低。2000 年时，曾有专题研究过，特区以外土地的经济效益只有特区以内的七分之一。土地浪费、生态条件恶化等问题相继而来。

本来，希望通过特区的发展能够带动周边地区的建设，这个目标在开始的十余年里未能如愿。而且已经建成的地区如果想再改造的话，代价会非常高。另外，特区以外建设面铺得很大，配套与基础设施的投资很大，困难较多。

第二个问题是高强度的开发。当时我们的规划是中等密度的开发，不提倡建很多高层建筑（图 4-59），但是，后来因为房地产的发展和其他的原因，深圳建了很多高层建筑。特别是在一些城中村改造中问题较多。城中村土地是集体所有制的，要拆迁、征用需付出高代价。后来，城中村都采取高密度的开发，建二三十层的高层建筑，两栋建筑之间的距离很小，即所谓的"握手楼""接吻楼"。这就带来了很多消防安全的问题、治安的问题、交通的问题、基础设施配套的问题、上学的问题，等等。这些问题的产生，主要是利益驱动所致。高层高密度的开发给城市未来发展带来的问题，是我们当时没有预料到的。这不是规划的问题，而是管理的问题。缺少正确引导与管理。我曾经到宝安看过，也有同样情况。有一个村是专门卖画的，专门组织画家在那儿画各种各样的画，

---

① 对深圳机场选址问题的进一步了解，可参见：

周干峙. 深圳机场选址的故事 [R]// 五味集——中国城市规划设计研究院深圳分院二十周年·文集. 2004：59；

乔恒利. 深圳机场选址的幕后故事 [R]// 五味集——中国城市规划设计研究院深圳分院二十周年·文集. 2004：59-60；

张启成. 坚持建设项目选址的科学性 [R]// 五味集——中国城市规划设计研究院深圳分院二十周年·文集. 2004：60-61；

宋启林. 关于深圳机场的事 [R]// 五味集——中国城市规划设计研究院深圳分院二十周年·文集. 2004：62；

赵崇仁. 飞机场的选址改变了李总理的初衷 [R]// 五味集——中国城市规划设计研究院深圳分院二十周年·文集. 2004：62.

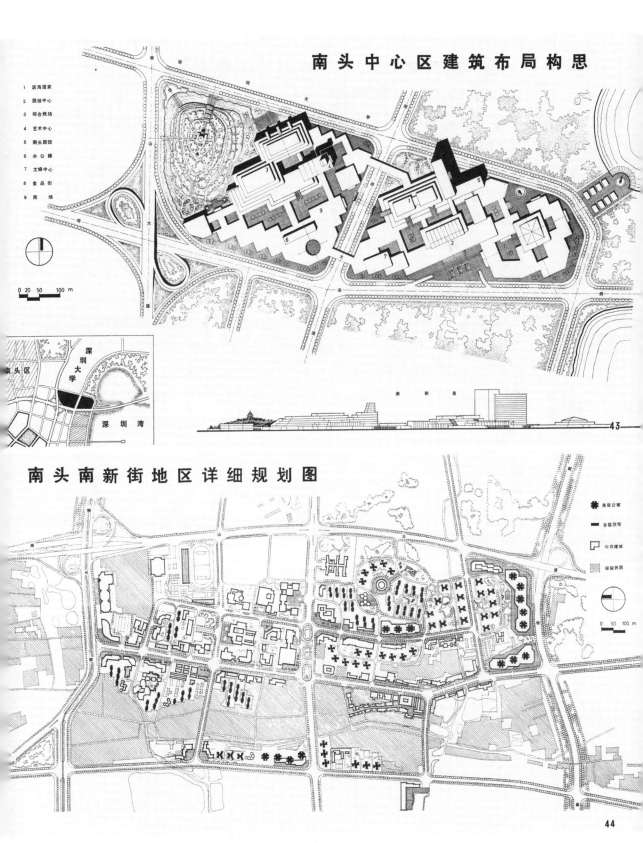

图 4-59　深圳经济特区规划中的部分城市设计图
资料来源：深圳市规划局、中国城市规划设计研究院．深圳经济特区总体规划 [Z]．1986-03：43-44．（蒋大卫
先生收藏）

中国和国外的画都有，有的是流水作业。这个村也是高层、高密度建筑，这种房子一旦形成就很难再改造了。农民的合法利益是应该保护的，问题是如何与城市整体利益、长远发展协调一致。

城市的问题，我们有句俗话叫"三分规划、七分管理"。一个城市发展建设的好与不好，规划只起三分作用，七分是管理的问题。

还有一个问题是个特殊问题，也就是户籍人口跟外来人口的比例，这是深圳非常特殊的一个问题。当时我们预测深圳2000年有80万户籍人口、30万外来人口，也就是户籍人口与非户籍人口是8∶3的比例，而实际上这个比例是倒过来了，是3∶8，大量的是外来人口。

外来人口中大多数是打工的，一些外来妹十七八岁就来打工了，到二十五六岁，她的体力、精力不行了，老板就不要她了，再换一批。只有那些手很巧的、脑子比较活的、又有些文化基础的，可以找机会留下来了，稍微差一点的都被淘汰掉了。

外来人口不是长期的、固定的城市人口，而是流动性很大的群体。一个城市，如果长期有这么大的比例都是流动人口，那么这个城市不是一个稳定的可持续发展的城市。在我们国家城市化过程中，这不是短时间内可以解决的，对我们国家的社会经济发展是个挑战。

访问者：谢谢您！

（本次谈话结束）

2017 年 5 月 27 日谈话

访谈时间：2017 年 5 月 27 日上午

访谈地点：北京市海淀区阳春光华小区，蒋大卫先生家中

谈话背景：与蒋大卫先生于 2017 年 5 月 26 日谈话结束后，部分内容尚未谈完，遂于次
　　　　　日继续进行了本次谈话。

整 理 者：李浩

整理时间：2018 年 1 月 5 日

审阅情况：蒋大卫先生于 2018 年 3 月 2 日初步审阅，3 月 14 日补充，3 月 15 日定稿

访问者：蒋先生，您主持的《城市用地分类与规划建设用地标准》的制订是城市规划行
　　　　业的一件大事，可否请您谈谈当年您主持这项工作的一些基本情况？

蒋大卫：要谈这个问题的话，来龙去脉蛮多，我简单说一说吧。

一、筹划城市规划方面标准规范的编制目录

蒋大卫：1986 年，完成《深圳经济特区总体规划》编制任务后，我调回了北京，那时候
　　　　邹德慈已经是院长了。他对我说：国家计委有个文件①，要组织编制城市规划
　　　　方面的标准规范，你来筹划一下吧。邹院长要我来筹划，当时就我一个人。

---

① 指国家计委计综〔1986〕250 号文。

图 4-60　蒋大卫先生在长城的留影（2002 年前后）
资料来源：蒋大卫提供。

1980 年代初，城市规划局是属城乡建设环境保护部和国家计委双重领导的，因此，编制城市规划标准规范这件事是国家计委下达的任务。当时我们国家的规划建筑行业，在建筑设计、建筑施工、建筑材料、采暖通风、给水排水等方面，都已经有国家标准或者是行业标准了，唯独城市规划方面是缺项，一个标准规范都没有。这主要是指技术规范，不是行政规范。

我经常做那些从来没有人做过的事情。说实话，我对标准规范也不熟悉，只是知道一点而已。于是，我就找一些同志座谈，先到标准司了解情况，标准司有一位副司长我认识，找了他，我还找了陈晓丽同志，她当时是城市规划局综合处的处长，综合处什么都管，标准规范的事情由她管，她下面就是蒋勇，这个处是两个人。

就这样，从几个方面努力，折腾了一段时间以后，我提出了城市规划方面需要编多少标准规范的初步计划。我当时想，我们的力量很薄弱，刚刚起步，不宜弄得很多、很复杂。我找到了一些苏联的标准规范（主要是建筑工程方面的），比较复杂，编制程序也严格；德国也有一些规范；陈晓丽还给了我国台湾的《都市计划法》。我参考了这些资料，但没有完全按照这些东西来做（图 4-60）。我根据自己工作的经验和其他同志的一些意见，提出来一个初步的计划方案，需要编的标准规范一共有八九项。第一个标准规范就是用地分类标准。因为，我看了很多城市的总体规划成果，都有个用地平衡表，是审批城市总体规划的基本表格，但每个城市的用地分类都不一样，概念也不一样，而且图、文对应不起来。如果由国家来审批总体规划，都不一样怎么审呢？我觉得应该统一规范比较合适。

访问者：等于说，咱们行业的《城市用地分类与规划建设用地标准》，是您根据城市规划行业编制标准规范的需要而想出来的，并不是国家计委直接下达的一个用地标准的编制任务，对吧？

蒋大卫：对。国家计委只是下达了一个任务。具体编制哪些规范，要我们来研究。因此，首先要制定一个标准规范的目录，或者叫一个计划。我提出的计划目录：第一项就是城市用地分类标准，第二项是居住区规划标准，第三项是城市道路交通规划标准，第四项是绿化标准，第五项是工业标准，第六项是仓储标准……这几项基本上包含了城市规划工作最主要的内容，其中第一项城市用地分类标准是总体性、基础性内容，后面几项是城市规划的主要组成部分，这样一个编制标准规范的设想。

我写了一个简单的报告，包括目录。向标准司报了，也跟院里报了。院里同意了，标准司也批了。院里当时主要是邹德慈院长亲自在抓。

编制目录批准以后，谁来具体做？这又是一个难题了。邹德慈问我愿不愿意做，我当时想了半天。后来我说：如果要做，我就做用地分类标准（《城市用地分类与规划建设用地标准》），对这个标准我有些基础，也有一些想法，我可以做这个，他说行。

后来，王玮华同志接了居住用地标准（《城市居住区规划设计规范》），都是我跟他们反复研究确定的。我又找了同济大学的徐循初，因为标准规范不能都由我们中规院来编，请他来主持搞交通规划标准（《城市道路交通规划设计规范》），徐循初后来又找了我院倪学成，还找了许多协作单位一起参加。绿化标准（《城市园林绿化规划设计规范》），当时交给了我们院的园林所，请张国强同志来负责。工业用地标准交给张孝存，他也接了。

每个标准都要拟定工作计划，报部标准司。后来，部标准司都批了，每个项目给8万元钱工作经费。我搞用地分类标准，院里给我配的助手就是王凯，他给我当了一年半左右的助手，邹院长后来又派罗希协助我，再后来又增加了赵崇仁，我们又邀请了好多协作单位。罗希自始至终参与了用地标准的编制工作，很杰出。我一边做用地分类标准，一边还要与几个标准规范组进行协调，协助他们拟定一个工作计划，包括什么时候提出初稿，什么时候完成征求意见稿和送审稿，以及技术上的一些问题（图4-61）。

同济大学的徐循初教授，我不知道跟他联系协调过多少次了，我跟他早在唐山震后恢复重建规划时，就已经在一起工作过了。徐循初很忙，但他还是很认真、很负责在做。张孝存在中规院经济所，他也很忙，就一直没动，工业用地标准

图 4-61　在安徽九华山化成寺考察时的留影（1986 年 10 月）
前排：叶绪镁（左 2）、陈衡（左 3）、赵士修（左 4）、陈晓丽（右 2）。
后排：邹时萌（左 1）。
资料来源：蒋大卫提供。

始终就没有做。迟顺芝后来做了一个工业用地定额方面的标准。绿化标准拖了很长时间，最后也完成了。

二、主持《城市用地分类与规划建设用地标准》的编制

蒋大卫：等联系协调工作做了一段时间以后，我对邹德慈同志讲：我不能一边做标准，一边做协调，没有那么多时间。做用地标准要看好多资料，有很多问题要研究，我说我不管那么多事情了。邹院长说：行，就让老迟（迟顺芝）来接任这个工作。标准规范的协调工作后来由老迟来接手。不过，只有徐循初的交通规划标准是例外，徐循初提出来：我们两个弄了那么久了，你再换个人？他跟老迟不是太熟悉。所以，他的这个项目一直是我跟他在协调，一直到做完为止。

访问者：《城市用地分类与规划建设用地标准》的编制，大概是 1987 年开始做的，对吗？

蒋大卫：对。1986 年从深圳回来后我开始做标准规范的筹划协调工作。1987 年开始正式成立《城市用地分类与规划建设用地标准》编制组。用了两年左右的时间，按计划完成，也很快得到部标准司的批准（图 4-62 ～图 4-64）。

访问者：我记得《城市用地分类与规划建设用地标准》是 1990 年批准的，1991 年正式施行。

蒋大卫：对，大概到 1990 年初就编完了，1990 年 7 月建设部批准。我完全是按计划完成，这也是中国第一个城市规划方面的标准规范。在我的工作经历中，有三项属于"第一个"的内容（另两项是居住区详细规划课题和深圳经济特区总体规划）。

访问者：这几项工作都是开创性的。我想向您请教几个问题。作为一种技术规范，除了苏联，您刚才提到德国也有类似的标准，除了这两个国家之外，其他国家有没

图 4-62 《城市用地分类与规划建设用地标准》编制组成员合影（1989年前后）
前排：潘家莹（左1）、罗希（左2）、曹连群（左3）、吴今露（左4）、贾海樾（左5）、石如玮（右4）、
夏宗玕（右3）、吴载权（右2）、张国华（右1）。
后排：沈肇裕（左1）、何善权（左2）、吕光琪（左3）、兰继中（左4）、吴明伟（左5）、蒋大卫（右4）、
沈福林（右3）、王继勉（右2）、赵崇仁（右1）。
资料来源：蒋大卫提供。

图 4-63 《城市用地分类与
规划建设用地标准》（左，
1991年正式施行）及其讲解
材料（右）（封面）
资料来源：左为邹德慈先生藏书，
右为李浩藏书。

中华人民共和国国家标准

**城市用地分类与规划
建设用地标准**

GBJ 137—90

邹

1991 北京

中华人民共和国国家标准

**城市用地分类与规划
建设用地标准**

GBJ 137—90

讲 解 材 料

《城市用地分类与规划建设用地标准》编制组
中国城市规划设计研究院

图 4-64 《城市用地分类与规
划建设用地标准（GBJ137-
90）》获奖证书（1991年，
建设部科技进步二等奖）
资料来源：蒋大卫提供。

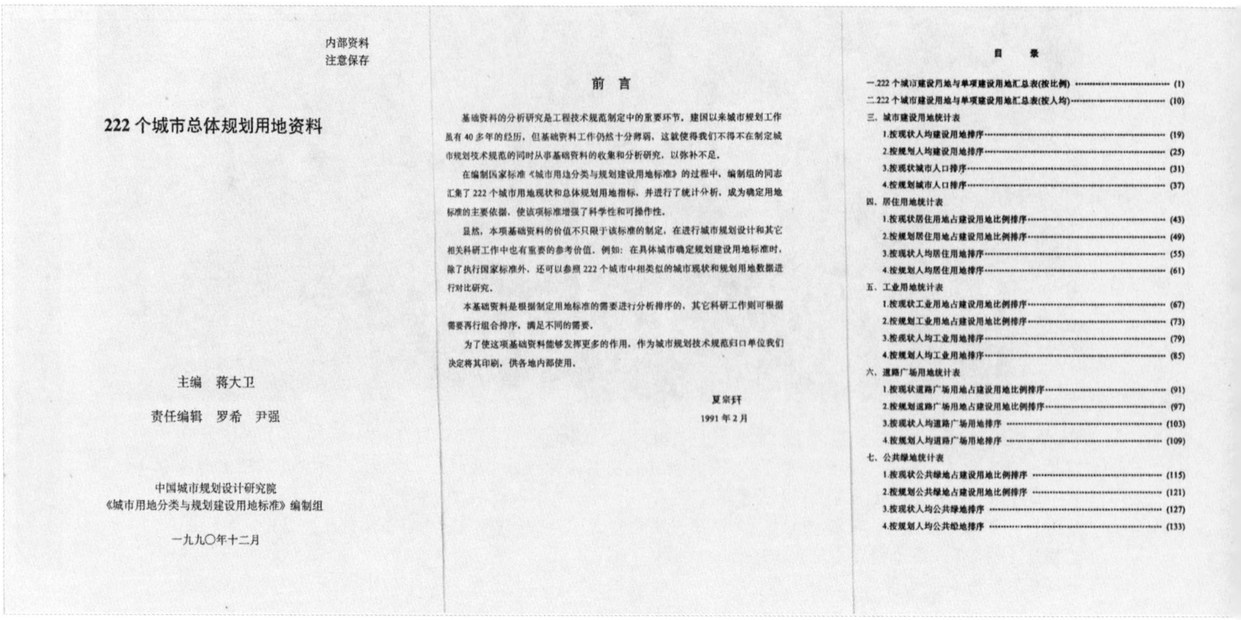
内部资料
注意保存

222个城市总体规划用地资料

主编　蒋大卫

责任编辑　罗希　尹强

中国城市规划设计研究院
《城市用地分类与规划建设用地标准》编制组

一九九〇年十二月

前　言

基础资料的分析研究是工程技术规范制定中的重要环节，建国以来城市规划工作虽有40多年的经历，但基础资料工作仍然十分薄弱，这就使得我们不得不在制定城市规划技术规范的同时从事基础资料的收集和分析研究，以弥补不足。

在编制国家标准《城市用地分类与规划建设用地标准》的过程中，编制组的同志汇集了222个城市用地现状和总体规划用地指标，并进行了统计分析，成为确定用地标准的主要依据，使该项标准增强了科学性和可操作性。

显然，本项基础资料的价值不只限于该标准的制定，在进行城市规划设计和其它相关科研工作中也有重要的参考价值，例如：在具体城市确定规划建设用地标准时，除了执行国家标准外，还可以参照222个城市中相类似的城市现状和规划用地数据进行对比研究。

本基础资料是根据制定用地标准的需要进行分析排序的，其它科研工作则可根据需要再行组合排序，满足不同的需要。

为了使这项基础资料能够发挥更多的作用，作为城市规划技术规范归口单位我们决定将其印刷，供各地内部使用。

夏宗玕
1991年2月

目　录

图4-65　蒋大卫先生主编的《222个城市总体规划用地资料》（1990年）
注：从左至右依次为扉页、前言及目录。
资料来源：蒋大卫提供。

有类似的做法，比如说美国、法国和英国？

蒋大卫：技术规范应该是有的，但是，他们不一定是像我们这样的做法。其他国家的有些技术内容是列入行政法规的，比如德国的用地分类。我认识一位熟悉德国的同志，他帮我找了一些资料，德国有一个用地分类的行政法规，他们在国家的城市规划法里有专门用地分类的内容。

我国台湾地区的用地分类，也是包含在台湾《都市计划法》里面的。日本的《都市计划法》也有用地分类内容。这几个国家和地区的用地分类方法都不一样，差别很大。但是“用地标准”是没有的，各国都没有用地标准的做法（除苏联）。

原来我并不想搞“用地标准”，觉得作为技术标准来弄比较复杂。城市规划工作中的用地问题，不只是技术问题。但部规划司要求有用地标准，我就没有再坚持。搞用地标准，一定要做调查研究，对我们国家城市土地利用的状况要有非常清楚的了解，这样才有可能找出一些规律性的东西。在部规划司和地方建设厅的协助下，我们搜集了全国200多个城市的用地资料，整理、归纳，才摸索出一点门道。当时我们做用地标准的时候，就做过这本《222个城市总体规划用地资料》（图4-65）。这本材料，就是我、罗希和尹强三个人弄的，把我们收集的资料汇总起来。

要谈用地标准这个问题，不是三言两语就可以说清楚的，而且有些问题比较复杂。过去我写过很多文章，在全国各地也做过一些介绍。

三、关于人均用地指标的讨论

访问者：蒋先生，我在做"一五"时期八大重点城市规划历史研究的时候注意到，在"一五"时期的城市规划工作中，也有一些规划定额或标准之类的概念，当时比较流行苏联专家列甫琴柯所写的《城市规划：技术经济指标和计算》这本书中的计算方法。翻阅这本书和我们国家"一五"时期编制的一些城市规划文件，城市规划工作中的人均指标比较多的对应于"生活居住用地"这个范畴，具体包括居住街坊用地、公共建筑用地、绿化用地和道路广场用地这四类用地，这几类用地的面积和人的使用需求有比较直接的逻辑关系。比较1990年颁布的《城市用地分类与规划建设用地标准》，其中的人均指标对应的是城市总用地，城市中所有的用地，那么，会不会有些逻辑上的不太对应呢？比如工业用地和对外交通用地等，似乎和一个城市的人口数量没有太多的逻辑关系。再比如，某个风景旅游城市，可能根本就没有工业用地。在这种情况下，针对城市总人口制定人均指标加以规范，是否会不太合适呢？这是晚辈长期以来的一个疑惑，很想听听您的看法。

蒋大卫："生活居住用地"这个概念，说实话是不怎么科学的。现在城市规划中已经没有人在用"生活居住用地"这个概念了。"一五"时期的那个"生活居住用地"是在特定条件下的一个概念。如果做一个新工矿区的规划，这里有个工厂，配套有个生活居住区，可以用苏联的那一套办法来做。但是，对于一个城市来讲，用地布局就比较复杂了。城市道路穿越各类用地，既为生活居住服务，也为工业服务，为仓储，为机场、港口，为文化、教育、行政办公服务，不能简单地把道路归为生活居住用地的一部分。

另外，公共建筑用地也不能简单地归属于生活居住用地。城市中往往有高等学校、中等专业学校，有时还有各种上级机构的驻地、科研单位，等等，它们都不是生活居住的必然组成。过去的分类中为了避免矛盾，有的在平衡表中列出非市属用地、科研教育用地，等等。说明那时已意识到生活居住用地概念有局限性。因为没有统一的规范界定，而且与图纸表达不一致，统计数字就不准确了，城市之间缺乏可比性。如果城市总体规划的图纸文件表达不准确，作为法律文件是不严密的。

工业用地与城市的产业构成有关，在各类城市用地中变化比较大，但也有些规律可循，同济大学沈肇裕同志专门做了一个专题研究。对外交通用地与城市区位有关，也与城市的性质有关。如果一个城市的对外交通用地大，肯定是一个交通枢纽城市。对外交通用地与城市道路用地是两个体系，虽然它们有密切关系，但合在一起就不容易看出城市道路系统是否完善。

城市用地分类标准这个项目对中国城市规划的影响很大，超出了深圳总规。

图 4-66 中国城市规划设计研究院科技总工党支部活动留影（2005 年 2 月 3 日）
前排：万裴（左1）、林贺佳（左2）、王旭（左3）、王静霞（右3）、包文琴（右2）、何冠杰（右1）。
中排：戴月（左1）、王瑞珠（左2）、涂英时（左4）、邹德慈（右3）、罗成章（右2）、蒋大卫（右1）。
后排：黄鹭新（左1）、李志超（左2）、王景慧（左3）、李晓江（左4）、马林涛（右3）、詹雪红（右2）、汪志明（右1）。
资料来源：蒋大卫提供。

访问者：全国全行业都在使用。

蒋大卫：这个标准出来以后，全国的城市规划工作开展得很顺利，国务院审批城市总体规划就有了依据，除非弄虚作假。你所提出的这个人均指标的问题，是个新问题，今天没有时间详细说了。

访问者：我记得您提出过"量体裁衣"的观点[①]。

蒋大卫：我现在赞成要把人均指标取消了，赞成城市根据自身用地状况来研究确定自己的用地。我的观点是这样。

访问者：要取消？？您的这个观点我实在没想到。

蒋大卫：前段时间，有一次开会时我已经说了这个观点。其实邹德慈同志也是这个观点（图4-66）。因为现在人口的概念有点混，有的是以市域人口来表示，有的是以中心城区人口来表示。而且统计数据不一致。比如深圳，不久前有统计 2016 年底是 1077 万人，昨天看到另一个统计数据是 1100 多万人，也有人经过分析论证提出深圳实际应该是 1600 万人。数字一变，这个人均指标不就完全都变了吗？

---

① 蒋大卫. 城市建设用地标准要量体裁衣 [J]. 城市规划，1996（5）：58–59.

而且，城市人口究竟是指市域人口还是中心城区的人口？这个问题也说不清。现在不少城市都没有中心城区人口的统计数字了。人均用地指标的科学性，前提就是人跟地要相对应。如果是100平方公里范围内的土地，人就应该是住在这100平方公里以内的人，不能是100平方公里以外的人。或者说，人是这样一个数字，但是面积是无序的，也是不行的。如果这样的话，人均指标就不准确了。

再一个问题是：现在人户分离现象比较多，比如不少人工作在北京，户口与居住则在河北燕郊或廊坊。还有，现在表述城市人口以常住人口为准，其中既包括了户口在本地的人口，也包括了户口不在本地而在本地居住半年以上的暂住（或流动）人口。虽然有的确实是常住在这个城市的，但也有是三天打鱼，两天晒网的。暂住半年以上人口的统计还缺乏一个有效的制度。

所以，在这种情况下，人均指标的概念容易引起很多副作用。我在退休前，就发现有些城市在总体规划时尽量要把人口规模搞大，人口增加了，用地不就相应增加了吗？这与土地经济有关。有些地方就带来了失控。听说现在正在对用地标准进行修订，这个问题非常重要①。

访问者：如果取消了人均指标，重点通过什么途径来分析和控制城市规划的用地情况是否合理呢？

蒋大卫：这个问题就要再研究了。我自己有些想法，不细说了。国外也有用地平衡表的做法，但没有人均指标，有时采用一些比例数据进行比较，但不是技术标准。

四、城市用地分类和村镇规划建设用地的关系

访问者：蒋先生，近几年"多规合一"的话题比较热门，主要涉及城乡规划与国民经济和社会发展规划、环保规划、土地利用规划等的协调，其中城乡规划与国土部门主导的土地利用规划的矛盾可能是最突出的。我想向您请教的是，当年您编制用地分类标准的时候，恰好就是国土部门强势崛起的时候，包括成立国家土地管理局、土地利用规划出台等在内，当时您主持的编制工作，有没有受到国土部门的干扰，或者说有什么比较大的矛盾、冲突呢？

蒋大卫：当年主编这个用地分类标准时，我曾经几次跟国土部门主管土地利用的有关人员沟通过，他们完全赞成这个标准。后来，这个标准评审的时候，国家土地管

---

① 据目前正在承担《中华人民共和国国家标准：城市用地分类与规划建设用地标准（GB 50137—2011）》修编工作的有关人员透露，最新版《城市用地分类与规划建设用地标准》（上报审批中）仍然提出了一些人均指标的控制要求，其主要考虑是：从"以人为本"的指导思想出发，某些单项用地（如公共服务用地、公共绿地等）仍然有通过人均用地指标加以调控的必要；长期以来，人均城市建设用地指标对于城市用地的无序蔓延还是起到了一定的调控作用；对于城市人口和用地不对应等问题，通过采取其他一些手段可以有所应对。

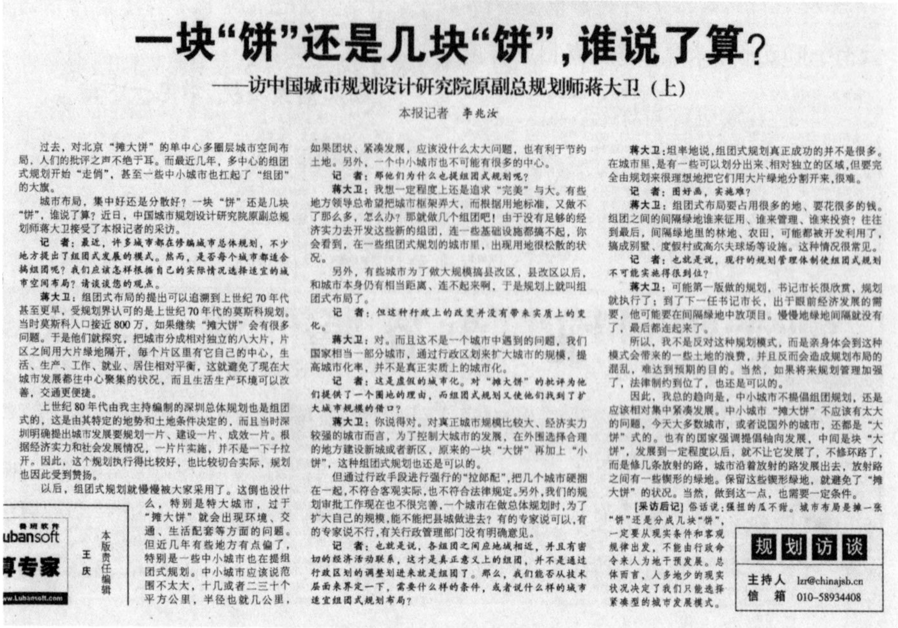

一块“饼”还是几块“饼”，谁说了算？

——访中国城市规划设计研究院原副总规划师蒋大卫（上）

本报记者　李兆汝

过去，对北京“摊大饼”的单中心多圈层城市空间布局，人们的批评之声不绝于耳。而最近几年，多中心的组团式规划开始“走俏”，甚至一些中小城市也扛起了“组团”的大旗。

城市布局，集中好还是分散好？一块“饼”还是几块“饼”，谁说了算？近日，中国城市规划设计研究院原副总规划师蒋大卫接受了本报记者的采访。

记　者：最近，许多城市都在修编城市总体规划，不少地方提出了组团式发展的模式。然而，是否每个城市都适合搞组团呢？我们应该怎样根据自己的实际情况选择适宜的城市空间布局？请谈谈您的观点。

蒋大卫：组团式布局的提出可以追溯到上世纪70年代甚至更早，受规划界认可的是上世纪70年代的莫斯科规划。当时莫斯科人口接近800万，如果继续“摊大饼”会有很多问题。于是他们就探究，把城市分成相对独立的八大片，片区之间用大片绿地隔开，每个片区里有它自己的中心，生活、生产、工作、就业、居住相对平衡，这就避免了现在大城市发展都往中心聚集的状况，而且生活生产环境可以改善，交通更便捷。

上世纪80年代由我主持编制的深圳总体规划也是组团式的，这是由其特定的地势和土地条件决定的，而且当时深圳明确提出城市发展要规划一片、建设一片、成效一片。根据经济实力和社会发展情况，一片片实施，并不是一下子拉开。因此，这个规划执行得比较好，也比较切合实际，规划也因此受到赞扬。

以后，组团式规划就慢慢被大家采用了。这倒也没什么，特别是特大城市，过于“摊大饼”就会出现环境、交通、生活配套等方面的问题。但近几年有些地方有点偏了，特别是一些中小城市也在提组团式规划。中小城市应该说范围不太大，十几或者二三十个平方公里，半径也就几公里，如果团状、紧凑发展，应该没什么太大问题，也有利于节约土地。另外，一个中小城市也不可能有很多的中心。

记　者：那他们为什么也提组团式规划呢？

蒋大卫：我想一定程度上还是追求“完美”与大。有些地方领导总希望把城市框架弄大，而根据用地标准，又做不了那么多，怎么办？那就做几个组团吧！由于没有足够的经济实力去开发这些新的组团，连一些基础设施都搞不起，你会看到，在一些组团式规划的城市里，出现用地很松散的状况。

另外，有些城市为了做大规模搞县改区，县改区以后，和城市本身仍有相当距离、连不起来啊，于是规划上就叫组团式布局了。

记　者：但这种行政上的改变并没有带来实质上的变化。

蒋大卫：对。而且这不是一个城市中遇到的问题，我们国家相当一部分城市，通过行政区划来扩大城市的规模，提高城市化率，并不是真正实质上的城市化。

记　者：这是虚假的城市化。对“摊大饼”的批评为他们提供了一个圈地的理由，而组团式规划又使他们找到了扩大城市规模的借口？

蒋大卫：你说得对。对真正城市规模比较大、经济实力较强的城市而言，为了控制大城市的发展，在外围选择合理的地方建设新城或者新区，原来的一块“大饼”再加上“小饼”，这种组团式规划也还是可以的。

但通过行政手段进行强行的“拉郎配”，把几个城市硬捆在一起，不符合客观实际，也不符合法律规定。另外，我们的规划审批工作现在也不很完善，一个城市在做总体规划时，为了扩大自己的规模，能不能把县城做进去？有的专家说可以，有的专家说不行，有关行政管理部门没有明确意见。

记　者：也就是说，各组团之间应地域相近，并且有密切的经济活动联系，这才是真正意义上的组团，并不是通过行政区划的调整划进来就是组团了。那么，我们能否从技术层面来界定一下，需要什么样的条件，或者说什么样的城市适宜组团式规划布局？

蒋大卫：坦率地说，组团式规划真正成功的并不是很多。在城市里，是有一些可以划分出来、相对独立的区域，但要完全由规划来很理想地把它们用大片绿地分割开来，很难。

记　者：图好画，实施难？

蒋大卫：组团式布局要占用很多的地、要花很多的钱。组团之间的间隔绿地谁来征用、谁来管理、谁来投资？往往到最后，间隔绿地里的林地、农田，可能都被开发利用了，搞成别墅、度假村或高尔夫球场等设施。这种情况很常见。

记　者：也就是说，现行的规划管理体制使组团式规划不可能实施得很到位？

蒋大卫：可能第一版做的规划，书记市长很欣赏，规划就执行了；到了下一任书记市长，出于眼前经济发展的需要，他可能要在间隔绿地中放项目。慢慢地绿地间隔就没有了，最后都连起来了。

所以，我不是反对这种规划模式，而是亲身体会到这种模式会带来的一些土地的浪费，并且反而会造成规划布局的混乱，难达到预期的目的。当然，如果将来规划管理加强了，法律制约到位了，也还是可以的。

因此，我总的趋向是，中小城市不提倡组团规划，还是应该相对集中紧凑发展。中小城市“摊大饼”不应该有太大的问题，今天大多数城市，或者说国外的城市，还都是“大饼”式的。也有的国家强调提倡轴向发展，中间是块“大饼”，发展到一定程度以后，就不让它发展了，不修环路了，而是修几条放射的路，城市沿着放射的路发展出去，放射路之间有一些锲形的绿地。保留这些锲形绿地，就避免了“摊大饼”的状况。当然，做到这一点，也需要一定条件。

[采访后记] 俗话说：强扭的瓜不甜。城市布局是摊一张“饼”还是分成几块“饼”，一定要从现实条件和客观规律出发，不能由行政命令来人为地干预发展。总体而言，人多地少的现实状况决定了我们只能选择紧凑型的城市发展模式。

规划访谈

主持人　lzr@chinajsb.cn
信　箱　010-58934408

本版责任编辑　王庆

图 4–67　《中国建设报》采访蒋大卫先生的报道（上篇，2005 年 7 月 18 日）
资料来源：蒋大卫提供。

理局派了一位代表来参加会议，并且签了字的。

访问者：也就是说，没有什么比较大的矛盾？

蒋大卫：几乎没有矛盾。当时，他们要求村镇这一块内容也能在标准里面体现出来，在城市用地的“九大类”里面是没有村镇这一块的。我知道做村镇用地的分类非常困难，要做得细，它们的规模都很小，要在一个大尺度的城市总体规划图中把它分得那么细、表示出来有困难，所以就把它放到了附录中最后一类“水域和其他用地”中。换句话说，可以表示出来，也可以不表示出来。他们是赞同的。现在的情况有些变化了。

几十年来，城市规划工作已经形成了一套编制程序，有总体规划层次和详细规划层次，有现状，有规划，有不同的比例尺，有不同的年限。而国土部门、交通部门、水利部门、电力部门、农业部门，他们也有各自规划设计的程序、规划的年限、规划的比例尺等。城市规划部门与其他部门的规划要协调一致，还需要做更多的工作（图 4–67）。

国土部门每隔几年要做一次用地详查，做得很细，我看过他们的图，五百分之一或一千分之一的比例，非常细。但是，只是对现状的详查，详查目的是弄清土地利用的基本情况。至于农村居民点、宅基地长远怎么安排，没有具体规划。据说，现在农村正在搞土地确权，要到 2020 年完成。

我们曾经做过湖州城镇群规划。当时浙江省的一位吴副厅长请我们做湖州城镇

附录2		市域用地汇总表			
序号	类别名称	现状（2003年）		规划（2020年）	
		用地面积（平方公里）	占市域总面积（%）	用地面积（平方公里）	占市域总面积（%）
1	城市总体规划用地	16410	100.0	16410	100.0
2	城镇建设用地	1150	7.0	1650	10.1
其中	中心城建设用地	630	3.9	778	4.7
	新城建设用地	350	2.1	640	3.9
	建制镇及城镇组团建设用地	150	0.9	212	1.3
	交通市政场站及其他用地	20	0.1	20	0.1
3	市域交通设施及特殊用地	418	2.6	511	3.1
其中	铁路	25	0.2	35	0.2
	公路	176	1.1	240	1.5
	机场	21	0.1	36	0.2
	特殊用地	196	1.2	200	1.2
4	水域及其他用地	14842	90.4	14249	86.8
其中	水域	669	4.1	680	4.2
	耕地	2599	15.8	2400	14.6
	林地	6835	41.7	8700	53.0
	园地 牧草地及其他农用地	1747	10.6	1219	7.4
	村镇建设用地	842	5.1	300	1.8
	未利用土地及其他用地	2150	13.1	950	5.8

图 4-68 某城市总体规划的市域用地汇总表
资料来源：拍摄自蒋大卫先生保存的资料。

群的规划，希望我们把国土规划跟湖州城镇群的规划能够协调起来。具体工作是涂英时做的，他花了很大精力做的。但最后并没有完全落实。国土资源部门的图纸跟我们城市规划部门的图纸对不上号，数据也对不上号，有一定差距。城市规划去代替其他部门专业规划，看来也不大可能。

铁路方面你能帮他选线吗？高速公路方面你能帮他选线吗？水电站你能帮他选坝址吗？修个水利工程，大渠道、小渠道你能定吗？养猪场办在哪里？这里种棉花，那里种稻子，这里是菜地，这里是宅基地，你能确定吗？这些工作，本来是国家发改委系统或国土资源部门做的事情，但他们力量有限。可能觉得难度很大，所以希望城市规划部门代替他们来做，但城市规划部门也是做不了的。当然，随着技术进步，以后也许可以做到。

这是某个城市的市域用地汇总表（图 4-68），对比现状的指标和规划的指标这两栏，你会发现城镇建设用地增加了 500 平方公里，这 500 平方公里是从哪里来的？仔细观察不难发现，村镇建设用地减少了 500 多平方公里，就是从这里来的。那么，村镇建设用地怎么能够一下子减少 500 多平方公里呢？这就是一些规划图纸和文字的游戏了。

这个城市的总体规划还是国务院审批的。现在，可能有不少地方也是这样做的，这是很值得注意的（图 4-69）。

在一次会议上，某地规划局的一个同志说：我们在做总体规划时问领导农村居民点怎么表示？领导说：你画个圈就完了。这说明，实际上是做不了的。

图 4-69 建设部"城市规划技术责任追究"课题组调研时的留影（2002 年）

注：蒋大卫（左1）、郑朝燊（左2）、林巧（左3）、吴楚河（右1）。

资料来源：蒋大卫提供。

访问者：各类用地的图文表达应当是"平等"的，不能说某种性质的用地的表达是一种逻辑方式，比如按比例表达实际面积，而另外的一种性质的用地，又是采用一种其他逻辑的表达方式，比如类型示意。

蒋大卫：市域范围的规划，如果有1万多平方公里，是不可能用一万分之一的比例画图的，即使用五万分之一的比例，图纸都非常大了，而一个村子只是很小很小的一个点。如果说一定要用一万分之一的比例做这样的总体规划，做完了再落到图上去，实际上是不可能的。几百、几千，甚至上万个村子，同步把这些村镇规划都做好，难度是很大的。

我们在做湖州城镇群规划的时候，只做了湖州市和周围几个县的建制镇，这些是落到图纸上去了，再往下就做不出来了，图上就表达不出来了，乡政府所在地或者是农村村落，都表达不出来。这些用地，在用地平衡表中也是算不出来的。

访问者：说到用地平衡表，因为村镇规划用地很难跟城市用地同样真实地表示出来，或者说用同一种逻辑和方法表示出来，毕竟它们规模悬殊比较大。那么，在用地汇总和统计时，对于村镇规划用地，您是主张单独表示，还是也要放在同一个用地平衡表里面？

蒋大卫：当年我们编制的用地分类标准，村镇建设用地是放在第10类"水域与其他用地"中的。而且这张表是放在附录里的。但新的《城市用地分类与规划建设用地标准》（GB 50137—2011）表 3.2.2 把镇、乡、村庄建设用地（H12、H13、H14）都列入正表。如果城市的技术力量强，图纸资料详尽，列出现状表，有可能做出来，

图 4-70　在包头调研时的一张留影（2003 年）
注：谢映霞（左1）、杨保军（左2）、蒋大卫（左3）、杨明松（右3）、官大雨（右2）、黄继军（右1）。
资料来源：蒋大卫提供。

但规划表是做不出来的（图 4-70）。

我曾经请中规院历史名城规划所在他们做衡阳市总体规划的时候，按照我提出的一些思路，试试看能不能做出来。后来他们告诉我，工作量太大了，要一个个村庄的调查，才能把用地情况弄清楚。我自己也试验过，觉得比较困难。农村规划与城市规划还是两个不同领域的规划。

五、对改进城市规划工作的几点建议

访问者：您能不能谈谈对改进城市规划工作的建议？

蒋大卫：我已经多年不直接参与城市规划工作了，信息也不灵通。如果要说些意见、建议，多半也是不成熟的。

第一，要注意当前的土地经济对城市总体规划的影响。

第二，城市总体规划的核心内容应当是中心城区（或主城区）的空间规划，要把组成城市的物质要素落实下来，落实到土地利用上，落实到规划图纸上。

第三，城市总体规划应有改革创新，同时仍应严格按国家法律法规办事，要科学编制，重视质量，避免炒作。

第四，重视人才培养，发挥中青年技术人员的作用。

你做的工作很有意义，你要有长期的打算，希望你取得更大的成绩。

访问者：谢谢您的指教和鼓励！

（本次谈话结束）

索引